真心实意 坦诚相待

用真诚力广结善缘

主编 拾 月
编著 陈志华

图书在版编目(CIP)数据

真心实意 坦诚相待:用真诚力广结善缘 / 陈志华编著. -- 北京:现代出版社, 2015.4
ISBN 978-7-5143-3531-6

Ⅰ. ①真… Ⅱ. ①陈… Ⅲ. ①成功心理 – 青少年读物 Ⅳ. ①B848.4-49

中国版本图书馆 CIP 数据核字(2015)第 067947 号

真心实意 坦诚相待:用真诚力广结善缘

主　　编	拾　月
编　　著	陈志华
责任编辑	王敬一
内文制作	诚美天下文化传播有限公司
出版发行	现代出版社
地　　址	北京市安定门外安华里 504 号
邮　　编	100011
电　　话	(010)64267325
传　　真	(010)64245264
邮　　箱	xiandai@cnpitc.com.cn
网　　址	www.1980xd.com
印　　刷	三河市华晨印务有限公司
开　　本	700mmx1000mm　1/16
印　　张	9
版　　次	2015 年 5 月第 1 版　2021 年 4 月第 3 次印刷
书　　号	ISBN 978-7-5143-3531-6
定　　价	29.80 元

前言

青少年是社会最宝贵的财富，是人类的希望和未来，正所谓“少年强则国强”。正因为如此，大至一个国家、一个民族，小至一个家庭、一个家族，都特别重视青少年的教育问题。希望他们成为社会的中坚，家族的骄傲。一句话，就是希望他们成为成功的人。于国，能成为有用的人才；于家，能成为顶梁柱。不仅仅要学习好，还要有辨别人世间的善、恶、美、丑的能力。在每个人的人生中，除了需要自身的因素之外，还需要拥有感受世界的能力。

宽容、谦虚，能够扩大一个人的朋友圈，不一意孤行，让青少年变得愈加稳重成熟。

真诚力、信任力，能够树立自己的影响力，赢得朋友的支持，更好地去展现自己。

亲和力、亲情力，能够明白人情世故，收获来自故友和亲人的帮助和支持。

友情力、精神力，能够学会珍惜，积极进取，带上快乐去开拓自己的人生。

方法、团结，能够让人少走弯路，众志成城地去凝结前进的力量。

青春，是每一个人最美好的一段时光，也是每个人人格、性格定型的重要阶段，在这个时期，我们需要享受青春的快乐，同时也需要完成自我塑造。通过心理自助，最终从一个小男生、小女生逐渐成长为一个有着健全人格的人，成长为一个对社会、对家庭、对自我有着相对完整认知的人，成长为能够为自己的未来做主的人。这才是一个最充实、最有价值的青春。每个梦想都值得我们认真对待，每个青少年都是未来的希望。在青春之中，我们不仅要有欢乐，同时也要拥有未来！

本丛书是你化解烦恼的“心灵鸡汤”，可以给你增加快乐的心理自助法则；本丛书会让你认识到：掌控心理，方能掌控世界；改变自己，才能改变一切。本丛书还将告诉你：只有实现积极的心理自助，才能收获快乐而充实的青春。

目录

第一篇 待人接物：真诚开出动人的花

第二篇 本色做人：每个人都是颜色不同的烟火

第三篇 打开心扉：向世人展现真实的自己

目录

第四篇 认清自己：活出生命的精彩

第五篇 立身之本：处事成败的关键

第一篇

待人接物：真诚开出动人的花

真诚是一项做人的原则，我们每个人都希望交到真诚的朋友。只有真诚地对待朋友，才能在彼此之间确立更稳固的关系。人和人之间只有真诚这把钥匙，才能让生活变得更加和谐、美丽。让我们学会真诚，拥有真诚吧！

用真诚赢得爱与和谐

故事话题

在一个风雨交加的夜晚，一对年迈的夫妇走进了一个旅馆的大厅，想住宿一晚。但旅馆的夜间值班人员说：“十分抱歉，今天的房间已经全被预定了。若是在平常的日子，我会送两位到附近的其他旅馆，可是我实在不忍心让你们再一次地置身于风雨中，你们可以住我的房间里，它虽然不是豪华的套房，但是被收拾得蛮干净，因为今晚我值班，所以我可以在办公室休息。”这位年轻人很诚恳地提出了这个建议。这对老夫妇也大方地接受了年轻人的建议，并对造成的不便向他致歉。

第二天雨过天晴，老先生前去结账，柜台前仍是昨晚那个值班的年轻人，他依然真诚地表示：“昨晚您住的房间并不是旅馆的客房，所以我们不可能收您的钱，也希望您与夫人旅行愉快！”

老先生点头称赞道：“你是所有旅馆老板梦寐以求的员工，改天我一

定帮你盖栋旅馆。”

年轻人乐呵呵地说：“我可没指望您能给我盖栋大楼。”

几年后，这个年轻人收到一封挂号信，信中说了那个风雨交加的夜晚所发生的事，另外还附了一张到纽约的往返机票，邀请他到纽约一游。

在抵达纽约几天后，年轻人在第5街及第34街的交汇处遇到了当年的那对老夫妇，这个路口正矗立着一栋豪华大楼，老先生说：“这是我帮你盖的旅馆，希望你来经营，记得吗？”

年轻人感到无比震惊，问道：“您之所以会选择我是不是有什么条件？您到底是谁？”

“我叫威廉•阿斯特，我之所以选择你，是因为你正是我梦寐以求的员工。”

这家旅馆就是纽约最知名的华尔道夫饭店，它于1931年开始启用，是各国的高层政要造访纽约下榻的首选。当时接下这份工作的年轻人就是乔治•波特，一位奠定华尔道夫世纪地位的推手。

故事解析

是什么改变了这个年轻人事业生涯的命运？毋庸置疑的是他遇到了“贵人”，可是如果那天晚上他没有真诚地对待这对老夫妇，还会有这样的结果吗？

真诚是一种正确的做人的态度。一个人若要厚德博学，最主要的也是要有真诚心。太阳的温暖可以融化高山的积雪，人间的真情能够除去心头的寒霜；以诚相待，那么风雪中瑟瑟颤抖的人得到炉火的温暖，赛过百声假惺惺的寒暄，胜过千句轻飘飘的抚慰。

真诚可以开出动人的花，它是发自内心的、源于心底的真情；用真诚奠基的情感，能经得起岁月之河的荡涤，也能因此而赢得爱与和谐。

故事穿越

多年前，在美国纽约州的一座村庄，一个木匠来到一个铁匠铺，对铁匠大卫·梅勒多说："请给我做一柄最好的锤子，做出你能做得最好的那种。"

"我做的每一柄锤子都是最好的，我保证。"梅勒多非常自信地说，"但你会出那么高的价钱吗？"

"会的。"木匠说，"我需要一柄好锤子。"

最后，梅勒多交给那位木匠的的确是一柄很好的锤子。对于这位木匠来说，他做木匠十多年，用过不少锤子。可是，他还从来没有见过哪柄锤子比这个更好。

尤其值得称道的是，锤子的柄孔比一般的要深，柄可以深深地嵌入孔中。这样，在使用时锤头就不会轻易脱落。

木匠对这个锤子非常满意。回到工地后，他不住地向同伴炫耀他的新工具。

第二天，和他一起做工的木匠都跑到铁匠铺，每个人都要求订制一把一模一样的锤子。

这些锤子很快被工头看见了，于是，工头也来给自己订了两把，而且要求比前面订制的都好。

“这我可做不到。”梅勒多说，“我打制每个锤子的时候，都是尽可能把它做得最好，我不会在意谁是主顾。”

后来，一个五金店的老板听说了此事，一次在梅勒多这里订了两打锤子。

不久，纽约城里的一个商人经过这座村庄，偶然看见了梅勒多为五金店老板打制的锤子，把它们全部买走了，还另外留下了一个长期订单。

在漫长的工作过程中，梅勒多总是在想办法改进铁锤的每一个细节，尽管这些锤子在交货时并没有什么“合格”或“优质”等标签，但人们只要在锤子上见到“梅勒多”几个字，就会毫不犹豫地买下它。

慢慢地，在这个不起眼的乡村诞生的小铁锤，成了美国乃至全世界的名牌产品，而梅勒多本人也借此成为了富翁。

故事微语

梅勒多铁锤之所以畅销，是因为每一把梅勒多铁锤都是最好的。梅勒多之所以成功，是因为他总是用真诚把每一柄铁锤做得最好。在这个世界上，只有真诚地付出，才能赢得爱和尊重。给智慧加入些真诚，成功之门才会向我们敞开。

一个人能成功，很多时候并不在于他口若悬河的口才，也不在于他有多么强大的能力，更不在于他有如何深厚的背景，而是他能为他人着想，关心他人的利益，用自己的真诚换来了他人的信任。如果大家都能够做到彼此真诚相待，那么这个世界必将充满爱与和谐。

心灵箴言

守信用胜过有名气。

——[美] 罗斯福

一个人严守诺言，比守卫他的财产更重要。

——[法] 莫里哀

信用就像一面镜子，只要有了裂缝就不能像原来那样连成一片。

——[瑞士] 阿米尔

真心会换来别人的尊敬

故事话题

原一平年轻时曾经在一家办公设备厂里做推销员，凭借着自己的努力，销售业绩节节攀升，拥有了一大批关系非常好的客户。

在一次偶然的机会中，原一平却发现他现在所卖的一款产品比别家公司所生产的同样性能的产品价钱要贵。他想：如果客户得知了这个情况，一定会觉得我的产品多赚了他们的钱，会对我的信用产生怀疑。

之后，为了妥善解决问题，原一平便带着客户当时签下的购买订单，逐户拜访客户，并如实向客户说明情况，请客户重新考虑选择产品。这种看似荒唐的做法使每个客户深受感动。最后的结果是，30 位客户中没有一个解除合约，反而更加信任和尊重原一平。

原一平曾经说过："做人做生意都一样，要诀是诚实。诚实就像树木的根，如果没有根，那么树木也就没有生命了。"原一平亲自证明了这一点。

×××
合约书

故事解析

用真心换来尊重的道理，不仅仅适用于商业行为，在我们的日常生活中，也适用这个道理，只要真心为别人付出，就必然会得到对方的尊重。

尊重是一种修养，一种品格，一种对人不卑不亢、不俯不仰的平等相待，对别人人格与价值的充分肯定。

用一颗真诚的心去对待别人，才有可能赢得对方的尊重。无论是在我们的职业生涯，还是在我们日常的生活当中，我们都要牢记这个法则，用一颗真诚的心去面对别人。

故事穿越

当年的拳王阿里，因为年轻时不善于表达自己，因而不被太多观众所了解，一定程度上影响了他的知名度。

有一次，阿里参赛时膝盖受伤，观众大失所望，对他的印象更加不好了。而当时阿里并没有拖延时间，而是要求立即停止比赛。阿里对此解释说："膝盖的伤还不至于到影响比赛的程度，但为了不影响观众看比赛的兴致，我请求停赛。"

在这之前，阿里并不是一个很有观众缘的人，但是由于他对这件事的诚恳解释，使观众开始对他产生好的印象。他为了顾全大局而请求比赛暂停的真诚，是在替观众着想，由此也深深地感动了观众。

故事微语

阿里这种发自内心的真诚感动了观众，他用一句发自内心的真诚之语挽回了观众对自己的不良印象，也换来了观众对他的支持与尊重，可谓一举两得。

尊重他人是一个人思想修养好的表现，是一种文明的社交方式，尊重是一种美好的品格，一个真心懂得尊重别人的人，一定能赢得别人的尊重。

真心是打开交际之门的钥匙，对别人付出真心才可能会赢得对方的尊敬。如果对别人连起码的真心都做不到，那么怎么奢望别人会对自己尊重呢？

心灵箴言

一言既出，驷马难追。

——谚语

信用既是无形的力量，也是无形的财富。

——[日] 松下幸之助

对人以诚信，人不欺我；对事以诚信，事无不成。

——冯玉祥

以大爱之心引导前方的路

故事话题

20 世纪 50 年代末，当时还是零售业巨头的八佰伴公司拟贷款 2 000 万日元为员工盖宿舍楼，当时的银行以“为员工建房不能创效益”为由一口回绝。但是公司老板和田夫妇并不气馁，他们苦口婆心，以爱护员工、员工才能努力为八佰伴创利的理由说服银行，终于建起了当时日本第一流的员工宿舍。

那些远离父母过集体生活的单身员工，普遍都不太会关心自己的生活和健康，和田加津总是像亲人一样照顾他们，每周亲自制订菜谱，为员工做出可口的饭菜。不仅在生活上，甚至是在员工的婚姻上，也像关心自己的孩子一样关心他们，她先后为 97 名员工作媒，其中有一大半双职工都是八佰伴员工。

为了加强对员工的教育，除每天班前会之外，八佰伴每月还定时进行一次员工教育。员工教育中的精神教育包括创业精神、忠孝精神、奉献精神等。和田夫妇非常清楚，孝敬父母是一个人与别人和睦相处的基础，员工能孝敬父母，就说明员工具有高尚的道德情操，这样的员工一定也能尊敬上司，如果把他们对父母的关爱报答之心变成对公司的感恩之心，那将会极大地促进公司的发展。

八佰伴员工宿舍

故事解析

无论是做人还是企业，都要留住心中那份爱，对于家庭的爱和对于企业以及自己事业的热爱，从本质上是相通的，那是一种贯穿整个社会以及我们整个人生的大爱。如果一个人能够以心中的大爱为导向去奋斗，那么他必将取得辉煌的成就；如果一个企业能够以大爱为导向，那么它必将成为客户和员工心中最有价值最值得去为之拼搏的企业；如果一个社会能够以大爱为导向，那么这个社会必定是一个其乐融融充满温馨的和谐社会。

一个真正意义上的好员工，必须要爱自己的企业，一个能够热爱自己企业的员工，必然也会对自己的家庭、亲人和朋友充满关爱，这些爱之间是没有任何冲突的。一个对家庭充满爱的员工，必然是一个责任心极强的人，这样的人无论是在家庭还是在企业里，都会非常负责任，而作为企业的领导者，也应该乐于看到自己的企业中有越来越多这种心中充满爱的员工。

在当今社会，那些大的企业，其企业文化必定会加入这种对爱的要求，比如团队精神、热爱产品等等，这种泛指层面上的爱，其实是一种大爱，它不仅存在于我们的生活中，也存在于我们的工作中，存在于每一个人的身边，这种大爱无所不在。

这种大爱，体现在人们的思想和行为上，很多时候会体现在一个人的思想道德品质上。现代有许多企业在选人上也非常注意品德问题。

故事穿越

张天锐是个又黑又瘦，满脸胡楂，总是皱着眉头的中年男人。他的妻子胡久红是个矮小的女人，从小就患有小儿麻痹后遗症，走起路来一脚高一脚低。他们住在一间出租房里。张天锐的工作就是给人送煤气罐，无论多高的楼，送一个 30 千克的煤气罐就可以得到 5 元钱的酬金。残疾妻子，就只能干家务活。但是他们从某中医药大学毕业的儿子张磊，已完成实习工作。全家似乎也看到了美好的生活在向他们招手。

一天早晨，张磊像往常一样去中医院，准备取回毕业鉴定。在一个十字路口，张磊被一辆农用车撞倒。后被诊断为脑干受损，立即进行了开颅手术。全力抢救了 3 天，医生宣布张磊“脑死亡”。

此刻，胡久红作出一个决定：将儿子的器官捐出来。周围的人有些吃惊。她补充道：“孩子是我生的，我有这个权利！”张天锐也同意了这个想法：“孩子烧了，也是一把灰；捐了，没白来这世上一次。”

武汉市红十字会派出的医生立即赶到京山。他们从张磊身上获取一对眼角膜，一对肾脏，一个肝脏和2000平方厘米的皮肤，他们缝合停当后，向遗体三鞠躬。

在这种大爱之下，两位重度角膜炎患者重见光明，两位尿毒症患者有了新的肾脏，一位肝硬化患者获得了生的希望。张磊父母相信，他们儿子还活着。

之后，张天锐夫妇来到武汉市石门峰陵园的遗体捐赠者纪念碑前，他们蹲下身子，轻轻地摸了摸张磊这两个刻字。

故事微语

大爱是一种处世哲学。大爱体现了一个人的素质和修养。大爱有一种力量可以搏击风雨，让人坚强。有了爱，人与人之间便容易沟通；有了爱，即使是冰川也可以被融化。爱是一种伟大的力量，它会让人懂得进取和感恩，学会勇敢和坚强。

大爱是一种广阔的胸襟，是一种崇高的品德。只要用大爱之心指引前方的路，必然会越走越宽广，赢得更多的尊重。

心灵箴言

遵守诺言就像保卫你的荣誉一样。

——[法] 巴尔扎克

你不同情跌倒的人的痛苦，在你遇难时也将没有朋友帮忙。

——[波斯] 萨迪

人与人之间，只有真诚相待，才是真正的朋友。谁要是算计朋友，等于自己欺骗自己。

——[尼日利亚] 哈吉·阿布巴卡·伊芒

向别人表达你的真诚

故事话题

美国著名的脱口秀主持人拉里•金，出生于纽约，10 岁时父亲因心脏病去世，从此靠着公众的救济金长大成人。

从小便向往广播生涯的拉里•金，从学校毕业后先是到迈阿密一家电台当管理员，然后在一番努力之下坐上了主播台。

拉里•金曾经写了一本关于沟通秘诀的书——《如何随时随地和任何人聊天》。书里讲到他第一次担任电台主播时的经历，他说：“那天如果有人碰巧听到我主持的节目，一定会认为：‘这个节目完蛋了。’”

那天是一个星期一，上午 8 点 30 分拉里·金走进了电台，他心情特别紧张，于是他不断地喝咖啡和开水来润嗓子。上节目前，老板特地前来为他加油，还为他取了个艺名："叫拉里·金好了，既好念又好记。"从那一天开始，拉里·金有了一份新的工作和一个新的名字。节目开始时，拉里·金先播放了一段音乐，可是音乐播完了，准备开口说话时，喉咙却像塞满了棉花似的，居然一点声音也发不出来。结果，拉里·金连播了三段音乐，仍然一句话也说不出来，这时，他才沮丧地发现："原来，我还不具备做专业主播的能力，或许我根本就没胆量主持节目。"

这时，老板突然走了进来，对拉里·金说："你要记得，这是个沟通的事业！"听到老板的提醒，拉里·金再次努力地靠近麦克风，并尽全力开始他的广播："早安！这是我第一天上电台，我一直希望能上电台……我已经练习了一个星期……15 分钟前他们给了我一个新的名字，刚刚我已

经播放了主题音乐……但是，现在的我却口干舌燥，非常紧张。”

拉里·金结巴着说了一长串话，只见老板不断地开门提示他：“这是项沟通的事业啊！”终于能开口说话的他，似乎变得有信心了。

这天，拉里·金终于实现了自己的梦想。这就是他广播生涯的开始，从此以后，他不再紧张了，因为第一次广播经验告诉他，只要你付出真诚，别人就一定能够感受得到。拉里·金在谈及自己的广播经验的时候说道：“谈话时必须注入感情，表现你的热情，让人们能够真正地分享你的真实感受。”

对拉里·金来说，广播不仅仅是自己的事业，更是充实自己人生的第一要素，所以，他在书中也这样告诉我们：“投入你的感情，表现你对生活的热情，然后，你就会得到你想要的回报”。

故事解析

真诚是拉里·金在奋斗的道路上所领悟出来的成功秘诀，一位哲学大师曾说过：“生命本身是一张空白的画布，随便你在上面怎么画；你可以将痛苦画上去，也可以将完美的幸福画上去。”

真诚既是对别人的尊重，也是对自己的负责。只有以诚待人，才能换来别人的真诚。真诚就像阳光雨露般，能温暖人心，净化心灵。真诚是立身处世的法则，其力量无限。任何对立与冲突，都能在真诚中化解；任何怨恨不满，都能在真诚中消融；任何困顿厌倦，都能在真诚中消逝；任何猜忌误会，都能在真诚中化解。

故事穿越

日本著名企业家吉田忠雄在回顾自己的创业成功经验时说道："为人处世首先要诚信，以诚待人才会赢得别人的信任，否则一切都是无根之花、无本之木。"

在创业初期，吉田忠雄曾在一家小电器商行做推销员。开始的时候，他做得并不顺利，在很长的一段时间里业务都没有起色，但他并没有因此灰心。

有一次，吉田忠雄推销出去了一种剃须刀，半个月内和20多位顾客做成了生意。但是后来吉田忠雄无意当中发现自己所推销的剃须刀比有些店的同类型产品价格高，这使他感到深深的不安。

深思熟虑之后，吉田忠雄决定向这20多位客户说明情况，并主动请求退还价款上的差额。他的这种真诚深深地打动了客户，他们不但没收价款差额，反而主动与吉田忠雄签了更多的订单，并在原有的基础上增添了一些新品种。这使吉田忠雄的业绩急剧上升，为以后公司的发展打下了良好的基础。

故事微语

真诚是一弯金秋的镰刀，收获着别人对你的信任。世界上最可贵的东西是人心，打开人心的钥匙是真诚。人与人之间的魅力在于真诚，我们要学会适时而又恰当地向别人表达自己的真诚。

做个真诚而善良的人，用一颗真诚的心去对待另一颗心。让真诚的火焰融化别人，做到真诚待人，客观做事。真诚是做人之本，真心实意可以从心底感动他人而最终获得他人的信任。

心灵箴言

真诚是通向荣誉之路。

——[法] 左拉

真诚是一种心灵的开放。

——[法] 拉罗什夫科

一个人要表现最高的真诚，就必须做到无事不可对人言。

——[印度] 泰戈尔

只有真诚，才能到永远

故事话题

三国时，孙策委任吕范主管东吴财经大权。孙策的弟弟孙权恰逢年少，总是偷偷地向吕范要钱，吕范则一定要请示孙策，从来没有独自答应过孙权。因这事孙权对吕范很有成见。

后来孙权任阳羡县令，建立了一个小金库以备私用。一次，孙策来查账，周谷为孙权涂改账目，造假单据，使孙策没办法责怪孙权。孙权因此很感谢周谷。

孙策死后，孙权接管东吴大事，因为吕范忠诚，特别受到孙权的信任，而周谷却因为善于欺骗和更改账目，始终没有得到孙权的重用。

可见，诚实就是能够帮助自己获得成功的力量。还有一个非常典型的例子，就是晏殊。

北宋大词人晏殊还没有成年时参加殿试。他在看过试题后坦言道："我10天前已经做过这个题目，而且文章草稿还保存着，请皇上换别的题目吧。"宋真宗非常喜欢晏殊的诚实。

有一年，宋真宗命臣僚们挑选旅游胜地举行宴会。各级官员都踊跃参加，连市楼酒店也都设置帷帐以供宴会和旅行住宿需要。晏殊此时手头拮据，无奈之下，便独自居家与兄弟读书论理。这天，宋真宗挑选辅佐太子的官职，竟然在百官中选任了晏殊。

宰相问真宗的用意何在，真宗解释说："我听说各级官员，无不游山玩水，大吃大喝，通宵达旦，歌舞不绝，唯有晏殊闭门与兄弟读书，如此谦厚，正可担当辅佐太子的重任。"晏殊在知道这件事情之后，便真诚地对真宗说："我并不是不喜欢游乐吃喝，只是因为我没钱。如果有钱，这些旅游宴会我也会参加的。"宋真宗越发喜欢晏殊了，又因为晏殊懂得为臣之道，便愈发受到真宗的重用，到宋仁宗时，晏殊已经贵为宰相。

故事解析

真诚是人类最美好的品质，它具有无穷的魅力，一个人如果能够做到真诚，不仅可以体现出他自身的价值，也可以体现出他的人格魅力。

真诚是火，它能烧掉所有的隔阂，引导大家共同拥抱美好与真情；真诚是水，它会洗去一切误解，在大家之间架起一座理解与友爱的彩虹。

人与人相处，最重要的是真诚，朋友间的那种纯净和坦荡，像蓝天，晴空万里；像大海，宽厚博大。只有真诚，才能相知。在人生的路上，只有真诚，才能到永远。

故事穿越

日本松下电器公司在成立早期，还是一家小工厂，作为公司领导，松下幸之助总是亲自到客户那里推销产品。

每次在碰到对方讨价还价时，松下幸之助总是真诚地说：“我的工厂是家小厂。炎炎夏日，工人们在炽热的车间里加工制作产品。大家汗流浃背，却依旧努力工作，好不容易才制造出了这些产品，依照正常的利润计算方法，这个价格没有办法再降低了。”

听了这样的话，对方总是开怀大笑，说：“很多厂家在讨价还价的时候，总是说出种种不同的理由。但是你说的很不一样，句句都在情理之中。好吧，我就按你开出的价格买下来好了。”

故事微语

松下幸之助的成功，源于他真诚的态度。他的话充满情感，描绘了工人劳作的艰辛、创业的艰难，语言朴素、生动，语气真挚、自然，唤起了对方切肤之感。正是他的真诚，才换来了对方真诚的合作。

真诚的人说的一字一句都犹如滋润万物的甘露，点点滴入听者的心田。在我们日常的生活和工作中，如果你能做到真诚，就更容易得到对方的认同。因此在生活中，我们要经常设身处地地为别人着想。只有当我们真诚地对待别人时，我们才能获得别人的关心、认可和支持。

心灵箴言

真诚才是人生最高的美德。

——[英] 乔叟

真实与朴实是天才的宝贵品质。

——[苏联] 斯坦尼斯拉夫斯基

有了真诚，才会有虚心，有了虚心，才肯丢开自己去了解别人，也才能放下虚伪的自尊心去了解自己。建筑在了解自己了解别人上面的爱，才不是盲目的爱。

——傅雷

第二篇

本色做人:每个人都是颜色不同的烟火

每个人都是颜色不同的烟火，有自己的个性和特色。世界上没有两片完全一样的树叶，当然也没有完全一样的人。我们没必要艳羡别人，只需要做最完美的自己。同时，最真实的自己才最容易打动别人

做好自己，才不会迷失自我

故事话题

在一间很破的屋子里，有一个穷人，他穷得连床都买不起，只好躺在一张长凳上。他经常自言自语地说：“我真想发财呀，如果我发了财，我就能享受生活了……”

一天，穷人的身旁出现了一个魔鬼，他对穷人说：“好吧，我就让你发财吧，我会给你一个有魔力的钱袋。这钱袋里永远有一块金币，是拿不完的。但是，在你觉得够用之后就要把钱袋扔掉，才可以开始花钱。”

说完，魔鬼就不见了。在穷人的身边，果真出现一个钱袋，里面装着一块金币。穷人把那块金币拿了出来，里面果真又有了一块，于是穷人不断地向外拿金币，拿了整整一个晚上，金币已经堆满了他的小屋。第二天，他饿了，想去买面包。但是，在他花钱以前，必须扔掉那个钱袋，所以他没有去买，继续往外拿着钱币。

穷人不吃不喝地拿了好几天。终于，他生病了，不久，他倒下了，死在他的长凳上。临死前他说：“我要这么多钱有什么用呢？”

故事解析

穷人背弃了原来的自己，最后虽然获得了取之不尽用之不竭的金子，可是却迷失了自己，导致了悲惨的结局。

著名诗人道格拉·拉赫曾在一首诗中写道：“如果你不能成为大道，那就当一条小路。如果你不能成为太阳，那就当一颗星星。决定成败的不是你尺寸的大小，而在于做一个最好的你。”

我们只有做自己，做最好的自己，才不至于将自己迷失。人生短暂，要懂得珍惜。迷失了自己，就迷失了一切快乐。

故事穿越

有一个外企女职员，在学校读书的时候是一个十分自信、从容的女孩儿。学习成绩名列前茅。毕业以后，她凭借自身的努力成为了一名外企职员。

但是，一个月之后，她的朋友惊讶地发现，原先活泼可爱的她，竟然像变了一个人似的，变得十分小心翼翼起来。每天上班前，她在穿衣打扮上花费两个小时，为此不惜少睡两个小时。她之所以这么做，是怕自己装扮不够好，而遭同事耻笑。在工作中，她也甚至于到了谨小慎微的地步。

是什么使这个女孩儿发生了如此大的变化呢？其实，原因十分简单，她到这家外企后发现：美国人的服饰和举止都显得优雅高贵，相比之下，她就觉得自己与大家格格不入。第二天她就跑到高档商场去了。可是，当时她根本买不起那些名牌服装，于是，只好灰溜溜地回来了。

入职的第一个月，她是低着头度过的。她不敢抬头看别人穿的衣着，因为一看就会觉得自己穷酸。她开始恨自己的贫穷。

就这样一晃4年过去了，一个原本自信从容的女孩儿，变成了一个做任何事情都小心翼翼的人。她开始迷失了自己，迷失了最初快乐的那个自己。

故事微语

这个女孩儿因为迷失了自己变得不再快乐，其实一个人成功的最大障碍往往不是来自于外界而是自身。我们遇事要量力而行，做好自己才是所有成功的起点。

美国哲学家爱默生说：“人的一生正如他一天中所设想的那样，你怎样想象，怎样期待，就有怎样的人生。”我们每个人心里都有一幅“心理蓝图”，或一幅自画像。我们没必要羡慕他人的生活或者成就，只需要脚踏实地地做最好的自己，就能获得自己想要的成功，也才不至于迷失自己。

心灵箴言

推人以诚，则不言而信矣。

——王通

真诚是玻璃，谨慎是钻石。

——谚语

进学不诚则学杂，处事不诚则事败，自谋不诚则欺心而弃己，与人不诚则丧德而增怨。

——《二程集·论学篇》

明确目标，朝着灯光所在的方向航行

6 故事话题

唐太宗贞观年间，长安城西有一家磨坊，磨坊里有一匹白马和一头驴子，它们是好朋友。白马在外面拉东西，驴子在磨坊里推磨。贞观三年（629 年），这匹白马被玄奘大师选中，出发到西天取经。

17 年后，这匹白马驮着佛经回到长安。它重回磨坊见自己的老朋友。白马向驴子谈起了这次旅途的经历：浩瀚无边的沙漠，高入云霄的山岭……这神话般的境界，让驴子听得极为震撼。

驴子惊叹道："你的经历多么让我羡慕啊！那么遥远的道路，我连想都不敢想。"白马说："其实，我们所跨过的距离大致是一样的，当我向西域前行的时候，你也从来没有停止过。不同的是，我同玄奘大师有一个遥远而坚定的目标，始终朝这个方向前进着，所以我们打开了一个广阔的世界。而你被蒙住了眼睛，这么多年就一直围着磨盘打转，永远也走不出这个狭隘的天地，所以，你终究只能碌碌无为。"

故事解析

驴子从不抬头向前看，所以只能围着磨盘打转，而白马却一路向前，走遍了周遭各处。

成功者与平庸者最根本的差别，就在于人生的方向。就像那匹老马与驴子，当老马始终如一地向西天前进时，驴子只是围着磨盘打转。尽管驴子一生所跨出的步子与老马相差无几，可因为缺乏目标，没有自己的方向，它的一生始终没有离开那个磨盘，始终也走不出那个狭隘的天地。

俗话说："三百六十行，行行出状元"，一个人无论干哪一行，只要努力，往往就会有成功的机会。对于没有追求和方向的人来说，岁月的流逝只意味着他们年龄的增长。如果你想获得成功，就要找到自己生活的目标，让它成为点亮你自己的"北斗星"。

故事穿越

1873 年，高尔基的父亲因霍乱而去世。当时高尔基年仅 5 岁，之后，高尔基跟随母亲寄居到开染坊的外祖父家里，不久之后，母亲也去世了。而此时，外祖父濒临破产，实在无力供他继续上学。外祖父只好对高尔基说："好吧，宝贝，你不是一枚勋章，我的脖子上没有你的地位，你到人间去吧……"

从此，10 岁的高尔基步入了社会，自谋生计、历尽艰辛。1884 年，16 岁的高尔基抱着上大学的梦想来到了喀山。之后，在种种原因之下，他又不得不奔波于伏尔加河两岸，备受沙皇统治下人间地狱的煎熬。

高尔基开始彷徨，苦闷，1887 年，他想到了以自杀来了结自己苦难的一生。然而，一种顽强生存的信念终于把他从死亡边缘拉了回来。从那时起，高尔基觉得，自己应该有个奋斗的目标。于是他怀着"想了解俄国"的愿望，开始了之后的艰苦生活。

在这期间，高尔基看到了穷苦人民是如何生活的以及他们身上所蕴藏着的力量。这些所见所闻不断地充实着高尔基的心灵，使他愈来愈坚强。高尔基开始强烈地意识到，自甘潦倒比什么都可怕。

高尔基在谈及这段经历的时候说道："对生活的庸俗和残酷的恐惧，我是深深体验过的，我曾经弄到想自杀的地步。后来，在许多年当中，只要一回忆起这种愚蠢行为，我就感到一种奇耻并藐视自己。"

若干年后，高尔基幸遇了卡留日乃，高尔基向他诉说了自己的流离生活，卡留日乃被他的故事深深地打动了。于是建议道："你为什么不把它写下来呢？这些故事不就是很好的文学作品吗？"

告别卡留日乃后，高尔基开始下定决心写诗了，他读过一些意大利和英国诗人的诗。当他开始动笔时，就抄写了其中的一些诗句。他瞒着其他人暗暗地写了一本，然后将它送给作家柯洛连科过目。

柯洛连科读后，皱着眉头说："你的诗太难懂了。用你自己的话写点你自己看到的东西再给我看看吧。"

高尔基接受了柯洛连科的意见，将诗稿投进了火炉里，开始创作小说。

1892年9月12日，高尔基在地方报纸《高加索日报》上发表了自己的第一个短篇小说《马卡尔·楚德拉》，虽然这只是个小小的成功，但让高尔基信心倍增。

这年秋天，高尔基白天替人抄写，晚上自己写作和学习。在后来回忆这段日子时，高尔基说："我不断地、拼命地学习，读书，在我的生活中，开始真正地迷上了文学……我已经开始考虑，在我的生活中，除了文学以外，再也没有别的可干了。"从此高尔基追求着越来越高的目标，终于成为了举世闻名的作家。

故事微语

没有目标就难以做任何事情。在某种程度上，一个人追求的目标越高，他的能力进步的就会越快，可以预期的成就就越大。

有的人在追求目标的路上停留在了半路，有的人忘了来时的路，而只有明确目标的人才能最终到达终点。

靠近海岸的岩石上或者大海中的岛屿上，在地势最高、最明显的地方往往都建有灯塔。灯塔上的灯光，在漆黑的夜里可以为晚归的渔船或者迷失航向的船只指明方向。灯光或许不是很明亮，但那微弱的光线给船上的人们带来了希望，人们只要朝着灯光所在的方向航行，就一定能找到出路。

心灵箴言

伟大的精力只是为了伟大的目的而产生的。

——[苏联] 斯大林

一个崇高的目标，只要不渝地追求，就会成为壮举。

——[英] 华兹华斯

当人们感到自己没有能力获得巨大的成功时，他们会鄙视伟大的目标。

——佚名

心口如一，学会正确地表达自己

6 故事话题

一剃头师傅家遭小偷光顾。第二天，剃头师傅到老主顾家剃头，显得郁郁寡欢。老主顾于是问剃头匠为何忧愁，剃头师傅回答说：“昨天晚上，小偷将我一年积蓄偷走，仔细想来，只当替小偷剃了一年的头吧！”

老主顾听后十分生气，立即换了一个剃头师傅。

新师傅问：“先前有一剃头师傅服侍您，为何现在又换成了我呢？”这个主顾就把之前所发生的事细说了一遍。新师傅听后，点头道：“像这样不会说话的人，早晚是要吃亏的。”

故事解析

说话也是一种艺术，心口如一，可以正确表达自己想法的人，更容易获得成功。现实生活中也不乏像剃头匠这样口不择言的人，他们有时会因为自己所说的话误了事情或引起别人的误会。

由此看来，如果我们说话不加检点，就可能招惹麻烦。所以我们在平时讲话的时候要学会注意说话的对象、场合、气氛，学会正确表达自己内心的想法。

故事穿越

一个人请 4 位客人到家里吃饭。有 3 位客人先到，这人等得焦急，便随口说道："唉，该来的怎么还没来呢？"一个客人听了，感觉特不高兴："这么说，我就是不该来的来了？"接着便告辞了。

主人一着急，立即顺口说道："不该走的现在为什么又走了？"另一个客人也不高兴了："难道我就是那个该走却赖着不走的？"一生气，起身也告辞了。主人这时苦笑着对剩下的那位客人说："他们都误会了，其实我说的不是他们。"

最后一位客人想："不说他们就是说我了。"主人的话刚一说完，最后一位客人也走了。主人至此也不知道大家为什么都走了。

故事微语

说话是一种艺术，说话的时候要注意思考和观察。正如故事里的主人，我们都相信他心里想的并不是所表达出来的意思，但是在表达不恰当的情况下，便引起了误解，最终导致朋友们的离开。

我们在日常生活中，也要学会心口如一，在说话的时候注意表达方式，不要“有口无心”地在不经意间伤害到别人。

心灵箴言

信不足，安有信。

——《管子》

诚信者，天下之结也。

——《墨子》

马先驯而后求良，人先信而后求能。

——《淮南子》

惟诚可以破天下之伪，惟实可以破天下之虚。

——薛瑄

行动起来，爱拼才能赢

6 故事话题

美国诺特拉·丹蒙足球队的教练劳·荷尔兹有一个不能容忍的习惯，那就是借口和不行动。荷尔兹少年时家里很穷，而且他还患有严重的结巴，所以他很害怕在公共场合讲话，直至到了没有勇气去上口语课的程度。

一天，荷尔兹为自己确定了 107 个目标，其中包括：与美国总统共餐、漂流沱河、会见波普、跳伞中尽量延后张伞的时间、做诺特·丹蒙队的教练、得年度冠军和锦标赛冠军等等。

截止到目前，荷尔兹已经完成了之前确立的 107 项目标中的 98 项。他获得了声誉，创造了属于自己的辉煌，他现在已经可以自由地用语言表达他想要说的一切，在这方面他同样也赢得了胜利。最后，荷尔兹不仅战胜了对自己不利的逆境，还战胜了一些大家都认为不可能战胜的东西。

故事解析

爱拼搏的人习惯于自我鼓励，并且愿意付出努力以获得生命的辉煌。我们也要敢于面对挑战，做一个成功的攀登者。

爱拼搏的人会经常像荷尔兹那样对自己说“立即干”“尽你全力”“不退缩”“总有办法”“问题不在于假设，而在于它究竟怎样”“没做并不意味着不能做”“让我们干”“现在就行动”等。他们是真正的行动者，他们总是要求自己行动起来。

生活中的“攀登者”总具有远见卓识，他们常常能够鼓舞人心。让我们也像荷尔兹一样用行动来实践通往梦想的路。

故事穿越

汉朝时，少年时的匡衡，非常喜爱读书。

因为家里很穷，所以匡衡不得不在白天干许多活，挣钱糊口。只有到了晚上，匡衡才可以坐下来安心读书。不过，匡衡却买不起蜡烛，天一黑，就看不成书了。匡衡心痛这些被浪费的时间，因此感到非常痛苦。

匡衡的有个很富有的邻居，天一黑，好几间屋子都会点起蜡烛，把屋子照得通亮。

匡衡有一天鼓足勇气，对邻居说："我晚上想读书，可买不起蜡烛，能否借用你们家的一寸之地呢？"

邻居因为一直都很看不起穷人，所以便很恶毒地挖苦匡衡道："既然穷得买不起蜡烛，还读什么书呢！"匡衡听后非常生气，不过这更坚定了匡衡的决心，那就是一定要把书读好。

匡衡回到家后，悄悄地在墙上凿了个小洞，如此一来，邻居家的烛光就透过这个小洞传过来了。匡衡便借着这微弱的光，如饥似渴地读起书来，没过多长时间以后，匡衡就把家中所有的书都读完了。

匡衡读完这些书，感到自己所掌握的知识还是太少，于是想多看一些书的愿望更加迫切了。而附近有一个大户人家，有很多藏书。

一天，匡衡卷着铺盖来到这家大户人家门前。匡衡对这大户人家的主人说："请您收留我，我给您家里白干活不要报酬。只是让我阅读您家的全部书籍就可以了。"主人被匡衡的精神所感动，便答应了这个要求。

匡衡在不懈的奋斗之下，后来成为了汉元帝的丞相，成为西汉时期有名的学者。

故事微语

匡衡就是一个爱拼搏的人，他在一次次的困难面前，都能找到合适的办法，进而立即行动起来，终于获得了巨大的成就。

俗话说："一寸光阴一寸金，寸金难买寸光阴。"时间对于每个人都是宝贵的，同学们，如果你也有梦想，有一个远大的目标，不妨从现在起便开始行动，相信在一番努力之下，成功也会与自己不期而遇。

心灵箴言

停止奋斗，生命也就停止了。

——[美] 卡莱尔

当时间的主人，命运的主宰，灵魂的舵手。

——[美] 罗斯福

做了好事受到指责而仍坚持下去，这才是奋斗者的本色。

——[法] 巴尔扎克

对真理和知识的追求并为之奋斗，是人的最高品质之一。

——[德] 爱因斯坦

方圆做人，不意味失去真诚

故事话题

乾隆帝晚年，和珅位高权重，几乎一手遮天，大小官吏趋炎附势，奔走门下。纪晓岚却始终保持清廉正直的品格，坚决不与他们同流合污。

相传有一次，和珅新造了一座府邸，并在花园中建了一座凉亭，当然要题匾，和珅便求纪晓岚为匾题字。纪晓岚虽不愿得罪和珅，但又看不惯其所作所为，便想暗中嘲弄他一下。

纪晓岚谦和地接待了和珅，郑重其事地为和珅题写了两个大字：“竹苞”。这“竹苞”二字本是《诗经·小雅》中的词语，其原句是“如竹苞矣，如松茂矣”，所以人们常以“竹苞松茂”代表华屋落成，预示家族兴旺之意。和珅见纪晓岚只写“竹苞”二字，以为文简意丰，别有韵味，便制成金匾，端端正正地挂在亭上，还时常向别人炫耀。

没有多长时间，乾隆来到和府游玩。到了花园，乾隆看见亭上的匾额，便问和珅是何人所书。和珅奏过后，乾隆说道：“是啊，也只有纪晓岚才能写出这种词儿来……”说罢哈哈大笑。和珅听皇上笑得弦外有音，心中疑惑不已，却又不敢多问。同时陪乾隆游玩的还有大学士刘墉，他见和珅一脸茫然，就对和珅笑道：“和中堂，鄙人之见，这个纪晓岚在和你开玩笑！”

和珅更加不解。刘墉笑道：“您把‘竹苞’二字拆开来看，岂不是‘个个草包’吗？”和珅这才恍然大悟，心中又羞又恼。

故事解析

当对手非常强大或十分难缠，自己处于不利地位时，不妨转换一下思维，采取曲线行动来达到自己的目的。纪晓岚对和珅的所作所为正是一种方圆处世的经典例子。

“方”与“圆”是柔韧的智慧，是君子生活必遵的法则。如果一个人能够真正领悟这一处世良方，那么任何新环境都不难适应。所谓方圆，即“做人要方，处世要圆”。这话是任何普通人都适用的生存智慧。

“方”说的是做人做事要有自己的主张和原则，不要为他人左右。“圆”说的是做人做事要讲究技巧，能够认清形势，灵活多变，可以左右逢源，使自己进退自如，游刃有余。

“圆”为灵活性，随机应变，具体事情具体分析；“方”为原则性，坚守一定之规，以不变应万变。也就是说，做人必须遵守一定的法度和规则，以便立足于社会。

方圆性格包容性强，具有这种性格的人把宽容、博大、仁爱交融在一起，运用时能够根据具体情况做出调整，灵活变通。这才是所谓的“方圆性格”。

故事穿越

一位身着便服的侦查员走进列车上的厕所。冷不丁，一个妙龄艳装的女人一闪身也跟着挤进厕所，反手将门锁上："先生，把您的手表和钱包给我。否则，我就喊你侮辱我！"

面对这突如其来的场面，侦查员清楚地知道，厕所里没有其他人，辩解是毫无意义的，稍有迟疑，女人就会反咬一口，立即使自己陷入困境。思维敏捷的侦查员急中生智，张着嘴巴不停地"啊，啊"，一个十足的聋哑人，表示不懂女人说的是什么。

女人赶紧打手势，侦查员仍然窘急地"啊啊"地叫着，见此情景女人知道自己无论说什么，侦查员都不可能听懂。于是转身想要离去，这时，侦查员一把抓住她，拿出钢笔，打着手势请她将刚才说的话写在手上。

女人欣然接受，接过钢笔就在侦查员的手上写道："把你的手表和钱给我。不给，我就喊你侮辱我！"侦查员立即翻转手掌，抓住了女人，说道："我是便衣警察，你犯了抢劫罪，这就是铁的证据！"女人目瞪口呆，乖乖被擒。就这样便衣警察靠勇敢和机智战胜了犯罪分子。

故事微语

遇到紧急情况，应随机应变，千万不能墨守成规，否则僵持下去，只能导致更为难堪的局面。具体问题应该具体对待，融方圆为一体。

方圆兼容是柔韧的智慧。把圆和方的智慧结合起来，处世为人都恰到好处，做到不急不躁，不偏不倚，可进可退，可方可圆。如果说“方”即是“刚”，那么“圆”必是“柔”。如果一个人一味刚硬，恐怕注定会失败。相反，如果一个人一味柔弱，显然也不容易获得成功。所谓圆就是圆通、圆活、圆融、圆满。在“方”的基础上加入“柔”功，能方则方，需圆则圆，就是“方圆人生，刚柔相济”。

心灵箴言

欺人只能一时，而诚信却是长久之策。

——[英] 约翰·雷

习惯说谎话的人即使说实话也没有人相信。

——[希腊] 伊索

以信接人，天下信人；不以信接人，妻子疑之。

——杨泉

第三篇

打开心扉:向世人展现真实的自己

要想成为成功的“真诚人”，就要有良好的心态，用开放的心看待生活中的人与事。马克思曾经说过：“人就是社会关系的集合体，人生活在群体之中，必须适应社会，懂得合群。”想要获得良好的生存环境就要以真诚的心与人交往，那就让我们打开心扉，向世人展现真实的自己吧!

真实就好，做揭掉面具的自己

6 故事话题

2012 年夏日，欧洲杯的热潮席卷全球，意大利与西班牙的巅峰对决，更是引起了广泛的关注。意大利队凭借皮尔洛精准的传球，先拔头筹，最终与西班牙队握手言和。赛后，西班牙媒体也不无嫉妒地说：“皮尔洛是绿茵场上的达•芬奇。”

皮尔洛出生在意大利的一个富豪家庭，父亲是钢铁大亨，在很多人眼里，皮尔洛这辈子只要能守住家业即可。然而，当皮尔洛接触到足球以后，突然觉得，与绿茵场相比，钢铁经营之类的事情简直索然无味。自此，皮尔洛的梦想是成为职业球员。父亲对他说：“我可以买下一家足球俱乐部给你经营。”皮尔洛却说：“如果我整天躺在你的钱上睡觉才是没出息。”之后，皮尔洛不顾父亲的强烈反对，毅然走上足球运动员的道路。

离开了家后，皮尔洛开始独自在风雨中闯荡。意大利足球以坚固的防守著称于世，防守能力出众的球员，比较容易出人头地。而皮尔洛更热衷于在球场上穿针引线，随时给对手致命一击。教练对他说：“你如果继续这样，我不得不放弃你。其实以你的资质，只要严格按照球队的要求踢，打上主力并不难，打上主力，你的薪水将会高很多……”皮尔洛固执地说：“我是因为热爱才开始足球生涯的，或许你的话有道理，但是我不能违背了内心的声音。”

皮尔洛不想“被成功”，他认为那样的成功不能带来快乐与幸福。于是，就如当初放弃父亲的安排一样，他再次婉拒了教练的忠告。这注定了他一度被排挤为边缘人物。

两年后，皮尔洛被租借到小球会布雷西亚。这时他遇到生命中的贵人——罗伯特·巴乔。巴乔是一代意大利人心中的偶像。

皮尔洛和罗伯特·巴乔一起探讨意大利足球的未来，皮尔洛说：“意大利足球光靠铜墙铁壁的防守显然不够了，如果在铜墙铁壁之中装上一把匕首，才会有所作为。”巴乔深表同感，并鼓励他：“你就是那把匕首。”皮尔洛黯然地说：“可是我的足球思想始终不被主流理念所接受。”巴乔鼓励他说：“会有懂的人发现你的。”在巴乔的指点下，皮尔洛迅速成熟。

2001 年，AC 米兰向皮尔洛伸出了橄榄枝。AC 米兰的主教练安切洛蒂认为皮尔洛的另类踢法，正是意大利足坛的欠缺，决定委以重任。在实战中，皮尔洛逐步成为球队的“大脑”，确立了领袖地位，赢得了许多大型比赛。

2006 年夏天，在世界杯盛宴上，皮尔洛帮助球队登顶，赢得了世界冠军。意大利媒体赞誉道：“皮尔洛离开了豪门家族，却开创了一个属于自己的豪门。”

皮尔洛宝刀未老，在 2012 年欧洲杯上，仍然大放异彩，带领意大利队披荆斩棘。

一代足坛巨星皮尔洛，敢于做真实的自己，终于取得了举世瞩目的成就。

故事解析

皮尔洛不想做父亲那样的成功商人，也没有走教练认为的更容易成功的路，而是坚持做自己，敢于做自己。最终“开创了一个属于自己的豪门”，让自己的生命因此而大放异彩。

一个时刻都在模仿别人的人不可能在竞争激烈的商界崭露头角、脱颖而出。每个人都应该有一条自己该走的路，自己的人生得自己来书写，我们为什么不将自己的特色展现出来，为什么不让自己的优点凸现出来？既然想被其他人认可，我们就得做真实的自己，就得有自己值得骄傲的地方。

故事穿越

从前，有一位画画非常高明的画家。

一天，这个画家突发奇想，想画出一幅所有的人都喜欢的画。他因此闭门不出地画了好久，终于画了一幅自己满意的作品。然后他便拿着画到市场上去展出。仿效着吕不韦修撰《吕氏春秋》时“一字千金”的做法，他在画旁放了一枝笔，和一张字条：如果你认为此画有欠佳欠妥之处，均可在画上相应地方做上记号。

晚上，画家取回了那幅画。令他大吃一惊的是，整个画面竟然全部被涂满了记号——没有一笔一画逃过了指责。画家对这一次尝试深感失望。在苦思冥想之后，他决定换另一种方法来尝试一下。

于是，画家又画了和之前同样的一幅画，然后依旧拿着到市场上展出。不同的是，这一次，他希望每位观赏者在自认为最精彩的地方或为自己最欣赏的妙笔处标上记号。

当画家再次取回画时，他同样感到大吃一惊——原来，之前所有被否定过的地方，现在无一例外地受到认可。

末了，画家不禁感慨道：“我如今终于明白了一个奥妙，那就是：我们不管做什么事，只要使一部分人满意就够了。因为，在有些人看来是丑恶的东西，在另一些人的眼里，却恰恰是美好的。”

故事微语

意大利的伟大诗人但丁曾经说过一句话："走自己的路，让别人去说吧。"是呀，我们的所作所为不可能得到所有人的认可。如果我们过多地在意别人的看法只会让我们渐渐失去自我，甚至于忘却本性。

同学们，让我们活出真我的色彩吧！记住：走自己的路！这世界，你永远是独一无二的！揭掉面具的你是最真实的，也是最好的。

心灵箴言

诚实和勤勉，应该成为你永久的伴侣。

——[美] 富兰克林

诚实的人必须对自己守信，他的最后靠山就是真诚。

——[美] 爱默生

信用是难得易失的，费 10 年功夫积累的信用，往往由于一时的言行而失掉。

——[日] 池田大作

真诚待人，注意讲话的方式

故事话题

19 世纪意大利著名歌剧作曲家罗西尼创作非常严肃认真，注意独创性，对模仿、抄袭行为深恶痛绝。

有一次，一位作曲家演奏自己的新作，特意请罗西尼去听他的演奏。罗西尼坐在前排，兴致勃勃地听着，开始听得很入神，继而有点不安，再而脸上出现不快的神色。

演奏按其章节继续下去，罗西尼边听边不时把帽子脱下又戴上。过一会，又把帽子脱下，又戴上，这样接连好几次。

那位作曲家注意到了罗西尼奇怪的动作和表情，就问他：“这里的演出条件不好，是不是太热了？”

“不，”罗西尼说，“我有一见熟人就脱帽的习惯，在阁下的曲子里，我碰到那么多熟人，不得不频频脱帽。”

艺术贵在独创，这样才能形成有个性的风格乃至流派；抄袭与模仿，则只能在艺术巨匠的阴影中苟且偷生，令人讨厌。罗西尼对模仿、抄袭的行为可以说是十分痛恨。然而，直接的指斥会使对方难堪，罗西尼便用体态语对其说明：“在阁下的曲子里我碰到那么多熟人”，告诉他抄袭了他人的作品。虽然没有明说，那位作曲家的脸也会涨得通红。

故事解析

我们在真诚待人的同时，一定要注重讲话的方式。委婉就是说话时的一种“缓冲”方法，是运用迂回曲折的含蓄语言表达本意的方法。委婉语能使本来也许困难的交往，变得顺利、容易。“委婉”是语言中的一种“软化”艺术。

日常交际中，会有一些人们不忍或不允许直说的话题，需要把“词锋”隐遁或把“棱角”磨圆，使语意软化，便于听者接受。说话人故意说些与本意相关或相似的事物，来烘托本来要直说的意思。

委婉法就是说话时的一种“缓冲”方法，是运用迂回曲折的含蓄语言表达本意的方法。委婉语能使本来也许是困难的交往，变得顺利起来。

故事穿越

有一家公司的餐饮部，伙食很差，收费又高。职员们经常抱怨吃得不好，甚至谩骂餐厅负责人。

有一次一位职员买了一份菜后叫起来，他用手指捏着一条鱼的尾巴，把它从盘子中提起来，冲餐厅负责人喊道：“喂，你过来问问这条鱼吧，它的肉上哪儿去啦？”

另一位职员要的是香酥鸡。他发现没有鸡腿，于是他也叫起来：“老天啊！这只鸡没有腿，它怎么跑到我这儿来了呢？”

幽默这种说话方式既可以巧妙地表明自己的态度，又能避免尴尬局面，伤害别人的感情。

著名电影导演希区柯克有一次拍摄一部巨片。巨片的女主角是个大明星、大美人。可她对自己的形象“精益求精”，不停地唠叨摄影机的角度问题。她一再对希区柯克说，务必从她“最好的一面”来拍摄，“你一定得考虑我的恳求”。“抱歉，我做不到！”希区柯克大声说。“为什么？”“因为我没法拍你最好的一面，你正把它压在椅子上！”

故事微语

幽默可以产生一种力量，既可以化解尴尬的局面，还不容易伤害到人的感情，是一种处世妙方。如果你在生活中遇到一些棘手的问题，不妨启动自己的幽默细胞，或许几句幽默的话便可以轻松地将问题解决掉。

一个人讲话的方式在很大程度上决定了其他人是否会接受自己的想法或意见，所以在平时，不妨多加点精力在自己的说话方式上。

心灵箴言

人无忠信，不可立于世。

——程颐

诚实是智慧之书的第一章。

——[美] 杰弗逊

诚者，天之道也；思诚者，人之道也。

——孟子

热情澎湃，让内心充满无限的光和热

6 故事话题

有一位已经失去传道热情的牧师，在夜里做了一个梦，他梦到自己到了天堂，去领取自己为上帝工作一辈子而得到的赏赐。

刚开始一个天使送来了一顶华丽灿烂的冠冕，上面镶满了珠宝，但是天使长却说：“拿错了，这是 20 年前为他预备的，那时候他热情澎湃地传播信仰，可惜之后，他的热情退却了，所以要换一个次等的冠冕。”

不一会功夫，天使换了一个次等的冠冕，虽然没有之前那个华丽，但是牧师依然觉得不错。然而天使长又说：“你们还是拿错了，这是 10 年前为他预备的，他之后变成了一个冰冷的人，再换一个更加次等的冠冕。”

于是再换来一个，上面一粒珠宝都没有，甚至连色彩都没有。

这位牧师惊醒过来，原来是噩梦一场，从那时候起，他勤奋传道，成为了最热心的传道之人。

故事解析

最可怕的破产，就是失去热情。激情澎湃的人活力十足，不时散发出光和热，也能把这股能量传递给身边的人。实现梦想是一项需要热情的事业，它需要我们投入所有的热情。

大部分能够实现梦想的成功人士，都是有朝气，热情澎湃的人，能在任何状况下用自己的热情感染对方的人。他们身上的这种特质决定了他们必将会实现自己的梦想，每一位渴望成功的朋友都要拥有这种热情，因为这种热情就像太阳的光和热，不仅可以感染对方，也可以感染自己，激励自己，从而在通往成功的道路上始终保持充分的自信和高昂的斗志，这对于成就我们的梦想是必不可少的。

这个世界为那些真正具有热情和自信心的人大开绿灯，无论出现什么困难，无论前途看起来多么坎坷，他们总是相信自己能够把心目中的梦想变为现实。热情的强大力量可以帮助他们战胜所有困难，它使他们保持清醒，使他们充满渴望。

故事穿越

实践统计证明，那些实现梦想的人，他们自身的热情对其事业的成功所起的作用占 90%，而其他诸如学历、人脉、资金等因素只占到 10%。

2011 年 10 月 6 日，乔布斯去世，享年 56 岁，一代传奇就此落幕。这是一位改变了我们生活方式的梦想家，一位发明了给无数人带来快乐产品的创新者，一位敢于挑战现状的冒险家，也是一位带领企业走向辉煌的伟大 CEO。

而乔布斯的传奇就是来自于他的热情。那些真正富有热情的人则能够取得更大的成就。他们热衷的是自己的产品在客户生活中的意义。他们关注的是，自己的产品或服务如何改善客户的生活，改善世界。

乔布斯最终能够如此成功并鼓舞人心，就在于，乔布斯对消费者充满热情，也对消费者使用苹果产品改变世界的能力充满热情。

历史上同样富有热情的伟大人物比比皆是，爱迪生就是一个很好的例子。这位几乎没有上过学的报童，后来却完全改变了世界。正是乔布斯这种忘我工作的热情，成就了今天的苹果公司。

爱迪生几乎每天都在他的实验室辛苦地工作 18 个小时以上，在里面吃饭睡觉，但他一点都不觉得辛苦。爱迪生宣称，“我一生中从未停过一天工作，我每天都其乐无穷。”正是这种无可比拟的热情，成就了那些伟人，也改变了我们的世界。

故事微语

充满热情可以让我们精力充沛、效率超高。热情是奋斗的灵魂，甚至就是奋斗本身。一个人如果不能从每天的奋斗过程中找到乐趣，仅仅是因为生存而生存，这样的人注定是不可能实现梦想的。

渴望实现梦想的我们，一定要激发出自己全部的热情，充分发挥它们的光和热，激励自己向梦想前进。

热情，在很多时候是人们创新思维的原动力。有了热情就有了永不枯竭的动力，而热情也会令人们的内心发生改变，可以催生信心，而强大的自信心会帮助别人认识你的价值。在实现梦想的过程中，充满热情能够帮助我们更快更好地向梦想前进，如果缺乏热情，斗志涣散，就可能一事无成。

充满热情地开始奋斗吧，从现在就开始，对自己说“这一切我都能做到”。让自己充满热情，而且持续拥有热情。这种热情便可以感染到身边的每一个人，因为这种对于梦想的热情同时也是一种态度，是一种生活态度，除了自己，没有人能阻止你释放热情，把握住了自己的热情，就等于把握住了自己的未来。

心灵箴言

智慧的最大成就，也许要归功于激情。

——[法] 沃韦纳戈

人应当具有激情，但是也应当具有驾驭激情的本领。

——[丹麦] 玻尔

我们的激情实际上像火中的凤凰一样，当老的被焚化时，新的又立刻在它的灰烬中出生。

——[德] 歌德

激情，这是鼓满船帆的风。风有时会把船帆吹断；但没有风，帆船就不能航行。

——[印度] 泰戈尔

每一天我都把工作当成自己的事业来做。在工作的时候我身上就会有一种热情在燃烧，这热情让我精力充沛，效率不错，也不觉得累。当然有时候我也会遇到一些不如意的事情，心里也会感到些许的不舒服。回去睡一觉，第二天太阳照样升起，又开始新的一天。

——[美] 乔布斯

每天早晨醒来，一想到所从事的工作和所开发的技术将会给人类生活带来的巨大影响和变化，我就会无比兴奋和激动。

——[美] 比尔·盖茨

懂得付出，地狱也会变成天堂

故事话题

稻盛和夫先生曾经在书中引用过一个哲理故事，讲的是天堂与地狱的区别。

“地狱和天堂里各有一个相同的锅，锅里煮着鲜美的面条。但是，吃面条很辛苦，因为只能使用长度为一米的长筷子。住在地狱的人，大家争先恐后想先吃，抢着把筷子放到锅里夹面条。但筷子太长，面条不能送到嘴里去，最后抢夺他人夹的面条，你争我夺，面条四处飞溅，谁也吃不到自己跟前的面条。美味可口的面条就在眼前，然而每一个都因饥饿而面黄肌瘦。这就是地狱的光景。与此相反，在天堂，同样的条件下情况却大不相同。任何人一旦用自己的长筷夹住面条，就往锅对面人的嘴里送，‘你先请’，让对方先吃。这样，吃过的人说‘谢谢，下面轮到你吃了’作为感谢和回赠，帮对方取面条。所以，天堂里的所有人都能从容吃到面条，每个人都心满意足。”

故事解析

这个故事实质上就是在说，天堂与地狱的区别在于人与人之间相处的态度。如果一个人懂得付出，就可以生活得很愉快，不懂得付出，只想着自己，就会生活得痛苦。天堂与地狱的区别仅在于做人的“一念”之差：心态不同，造就极不相同的结果。

从本质上来说，付出是人的生存方式，因为付出了劳动，所以我们收获了可以维持生命的事物；因为付出了智慧，我们收获了灿烂的文化；因为付出了爱，我们收获了亲情、友情、爱情……

生活就是这样，没有“免费的午餐”，只有我们真心付出了，才有机会去收获，所以，在日常生活中，我们一定要牢记：生活中不能只懂得索取，还应该懂得付出。要懂得很多时候我们所付出的往往要大于我们所收获的。做自己该做的事情，做对社会有积极向上鼓励意义的事情，要学会关怀他人。这样我们才能拥有一个安定的生活环境，一个和谐的人际关系。

故事穿越

巴勒斯坦境内，有两个名为“海”的湖泊，这两个湖泊各具特色。

其中一个是“加黎利海”，它是一个很大的湖泊，水质清澈甘甜，可供人饮用，因为湖水清澈，甚至连鱼儿们在水中嬉戏的景象都清晰可见，而附近的居民也喜欢到此游泳。

加黎利海的四周是绿意盎然的田园景观，环境优美，所以许多人将他们的住宅建在湖边，来享受这里的美景。

另一个湖泊名为“死海”，然而，正如其名，水是咸的而且有异味，不仅人不敢拿来饮用，连鱼儿都无法生存在这个湖泊里。

在死海的岸边，连小草都无法生长，所以人类更没有办法在它附近居住了。

但是令人奇怪的是，这两个湖泊竟然同出于一个源头。

后来人们经过探索发现，这两个湖泊之所以会有这么大的不同，是因为“一个有‘接受’也有‘付出’；另一个则是，‘接受’后便‘存留’起来”。

原来，加黎利海有入口也有出口，当约旦河水流入加黎利海后，水仍然会继续流出去，如此一来，水流不仅没有断绝，还因为不断地循环更换，水质变得更加清澈了。

而死海却只有入口没有出口，当约旦河水流入之后，水就被完全留在了死海里。于是，这个只进不出的湖泊将水全都汇聚在这里，蒸发、浓缩，变得又苦又咸。因为不懂得付出，结果便如它的名字，成为死海。

故事微语

地狱与天堂，原本就是一念之差，如果一心想着索取而不愿意去付出，那么其结果自然会像死海那样，而热衷于付出的人结果却像加黎利海一样，受到大家的欢迎和喜爱。有时候付出是我们收获的前提，付出不但可以给我们带来回报，更会带来各种快乐的体验，让我们的生活更加受到身边人的欢迎。

即使居住在相同的世界里，对他人是否愿意付出就决定那里是天堂还是地狱。因为肯付出，加黎利海收获了干净的湖水与热闹的人潮；而一味地接受而没有付出的死海，结果则是贫瘠与人迹罕至。

心灵箴言

不信不立，不诚不行。

——晁说之

内不欺己，外不欺人。

——弘一大师

以实待人，非惟益人，益己尤人。

——杨简

踏实努力，用单纯的心经营人生

故事话题

杰瑞心血来潮决定向叔叔学习钓鱼，于是拿过鱼竿，便跟着叔叔穿过树林去钓鱼。多年的钓鱼经历使叔叔深谙何处的鱼最多，于是他特意将杰瑞安排在最容易钓到鱼的位置上。

杰瑞模仿叔叔钓鱼的样子甩出钓鱼线，然后便如青蛙跳动似的在水面疾速地抖动鱼钩上的诱饵，急切地等候鱼儿前来咬食。好一阵子都没有钓上鱼来，杰瑞不免有些失望。

“再试试看。”叔叔鼓励杰瑞。

忽然，诱饵消失了。

“这回好了，”杰瑞心想，“总算钓了一条鱼了。”杰瑞赶紧猛地一拉鱼竿，岂料扯出的竟是一堆水草……

杰瑞一次又一次地挥动发酸的手臂，将钓线扔出去，但总是没有鱼儿上钩。杰瑞望着叔叔，脸上露出恳求的神色。

“再试一遍，”叔叔若无其事地说，“钓鱼人得有耐心才行。”

突然间，好像有什么东西在拽了一下杰瑞的钓线，旋即一下子把鱼钩拖入了深水之中。杰瑞连忙往上一拉鱼竿，立刻看到一条小鱼在璀璨的阳光下活蹦乱跳。

“叔叔，”杰瑞掉转头，欣喜若狂地喊道，“我钓了一条！”

“还没有。”叔叔慢条斯理地说。他的话音未落，只见那条小鱼跳了一下，便箭一般地逃回了河心。

钓线上的鱼钩也不见了。杰瑞功亏一篑，眼看到手的小鱼就这样失去了。

杰瑞感到万分伤心，满脸沮丧地坐在了草地上。叔叔重新帮他缚上鱼钩，安上诱饵，然后将鱼竿塞到杰瑞手里，让杰瑞再碰一碰运气。

“记住，杰瑞，”叔叔微笑着，意味深长地说，“在鱼儿尚未被拽上岸之前，千万别吹嘘自己钓上了鱼。事情得慢慢来，心急吃不了热豆腐，要想成大事，需要踏踏实实的努力。”

故事解析

杰瑞缺乏踏实的心态，想很轻松地钓到鱼，可是事情往往不会像想象的那样简单。最重要的是踏实努力。世界上很少有终南捷径这样的事情，最切合实际的就是丢掉幻想，学会踏实的付出。

成功就像爬山，不要妄想着一步登顶，要靠汗水和脚印去攀登，世界上没有一蹴而就的事情。成功偏爱那些有了想法就踏踏实实行动的人。成功就是有了明确的目标，踏实实干，战胜重重困难之后的结果。

故事穿越

传说古时候有两座大山，一座叫太行山，一座叫王屋山。那里的北山上住着一位名叫愚公的老人。愚公每次出门，都因被这两座大山的阻隔，需要绕一个很大的圈子，才能到南方去。

一天，愚公把全家人召集起来，说："我准备与你们一起，用毕生的精力来搬掉太行山和王屋山，修一条通向南方的大道。你们说好吗？"

大家都表示赞成，但愚公的夫人提出一个问题："我们大家的力量加起来，还不能搬移一座小山，又怎能把太行、王屋两座大山搬掉呢？再说，把那些挖出来的泥土和石块放到哪里去呢？"

最后大家经过讨论认为，可以将挖出来的泥土和石块扔到东方的海边和北方最远的地方。

第二天一早，愚公便带着儿孙们开始挖山。虽然每天全家人也挖不了多少，但他们依然坚持着挖。直到换季节的时候，才回家一次。

有个名叫智叟的老人在得知这件事后，跑来劝愚公说：“你这样做太不聪明了，凭你的精力，怎么可能把这两座山挖平呢？”

愚公回答道：“即使我死了，还有我的儿子在这里。儿子死了，还有孙子，孙子又生孩子，孩子又生儿子。子子孙孙是没有穷尽的，而山却不会再增高，为什么可能挖不平呢？”

当时山神见愚公和家人挖山不止，便向上帝报告了这件事。上帝被愚公的精神所感动，于是派了两个神仙下凡，把两座山背走了。从此，这里再也没有高山阻隔了。

故事微语

踏实是人安身立命的支柱，只要有踏实努力的精神，纵使面对大山，也能产生搬平的勇气。踏实是真实存在的，它能焕发出巨大的力量，媲美神力。

一步难登天，但是如果能够做到按部就班，踏踏实实，就可能会获得成功。用踏实努力来践行成功的路，用单纯的心来经营人生，人生才能真正获得快乐和幸福，同学们，从现在起让我们脚踏实地地努力吧！

心灵箴言

诚信为人之本。

——鲁迅

真诚是一种心灵的开放。

——[法] 拉罗什夫科

失足，你可能马上复站立，失信，你也许永难挽回。

——[美] 富兰克林

第四篇

认清自己：活出生命的精彩

一个人要想取得成功，首先要认清自己是一个什么样的人，然后找到适合自己存在的位置。其实，认清自己就是要明确自己的人生目标。一个人若想让自己的生活色彩丰富起来，就要认清自己。

客观公正地进行自我评价

6 故事话题

约翰无疑是班里最有人缘的孩子，但约翰曾多次明智地讲过自己做不了班长。他甚至还讲过自己做不到举重若轻。

在一次班会上，班主任望着约翰说："约翰，你来做班长吧！"约翰摆手说："不行不行，老师，您是了解我的，我做不了班长。"班主任仔细想了一会儿说："但是你可以成为我们班的生活委员。"

约翰点了点头，表示同意老师的想法。结果和老师预期的一样，约翰凭借自己的人缘，以及善于处理各种关系的能力，让班级变得越来越团结，最终被评定为"优秀班级"。

故事解析

正确评价自己，是获得成功最重要、最基本的条件。你的价值与你的自我评价并不能画等号。但是，你的价值是由自己决定的。

在莎士比亚的《哈姆雷特》中，波洛涅斯这样说："最重要的是忠于你自己。你只要遵守这一条，剩下的就是等待黑夜与白昼的交替，万物自然地流逝；倘若果真有必要忠于他人，也不过是不得不那样去做。"所以，每个人最重要的就是要正确和客观地评价自己。

客观公正地进行自我评价，梦想之石，可以击出理想之火。不要将自己的能力夸大，也不要贬低自己，客观公正地评价自己才能找出最适合自己的位置。

故事穿越

邹恩是个应届毕业生，有点心高气傲，一次他去一家大集团应聘企划一职，面试官在询问邹恩一些问题之后，问道："邹恩，你感觉自己的缺点有哪些？"邹恩回答说："我不认为自己有什么缺点，我是完美的。"

面试官继续问："那么，来谈谈你的优点吧。"邹恩开始夸夸其谈了一刻钟的时间。最后面试官不得不摆手示意邹恩停止，然后说道："抱歉，邹恩，我们公司不会录用一个不能客观公正地评价自己的人。"

故事微语

邹恩之所以会面试失败，其中的一个原因就是他不能够客观公正地评价自己。一个对自己的优缺点都不了解的人，就不能够做到扬长避短。客观地评价自己，才不会盛气凌人，才会怜悯他人，才会表现出自己的真诚，才会在拥有智慧时虚怀若谷。

为了我们的人生更加精彩，让我们的心灵不再受到伤害，我们需具备一双慧眼，练就一套“识人”也“识自己”的本领。做到客观地评价自己，不盲目自大，也不盲目自卑。

心灵箴言

没有诚实何来尊严。

——[罗马] 西塞罗

以诚感人者，人亦诚而应。

——程颐

当信用消失的时候，肉体就没有生命。

——[法] 大仲马

逼自己一把，释放强大的潜能

故事话题

一个名叫唐斌的小伙子，他自幼便表现出过人的智商，考试成绩总是名列前茅，观察力极强，处理自己的生活更是井井有条。

唐斌读高中时，有位老师对他说："以你的成绩及天分，你大可以转到名校就读，那么将来你考进全国最高学府的机会更大。"唐斌听了，马上摇头，然后说："名校不是我这种庸才读得上的。"老师不禁为之感到惋惜。

高考时，唐斌的成绩好得他自己也不敢相信。他原本有资格报考清华大学，可是他选择了报一所三流的学校。唐斌还是相信自己没有能力在名校就读。

大学毕业后，唐斌的同学都进了大公司工作，因为他们希望有较大的发展。可是，唐斌却选了一家小规模的公司，他的理由是："人少的公司学习的机会多些，竞争也没有那么激烈。"

可是世事的安排似乎与唐斌作对，唐斌所在的那家小公司因为业绩不断的进步，进行了一连串的扩张，在水涨船高的情形下，唐斌的职位也愈升愈高。

每一次升级，唐斌的情绪总要低落一阵子，他总是说："这次必死无疑，我哪里有能力担任这个职位呢？"

由于唐斌对自己的潜能毫无认识，因此他对自己的能力一点信心也没有。他变得愈来愈紧张，而随着这种情绪而来的是他的工作中的退步，他犯错的次数也日益增加，他不能处理分内的工作，最后他的精神终于崩溃了。

故事解析

唐斌是个不了解和不接受自己潜能的特殊例子。可是在现实生活中也有很多对自己潜能不充分了解而因此自限的人。假如这些人能够充分了解及利用自己的潜能，那他们岂不是可以为自己创造更丰富更美好的人生？所以，只有不断地发掘、发挥自己的潜能，才能将自己的成就推上一个又一个的高峰。

人的潜能到底有多大？这个问题恐怕还无法确切回答。因为按照科学家的说法，人的一生只用了脑力的 1%。也就是说，每个人都有 99%的潜能有待挖掘，即使是世界最著名的科学家爱因斯坦也一样。

故事穿越

有一个自小就非常喜欢绘画的人，他的作品时常被老师选出来展示。有一段时期，他常梦想自己将来会成为出色的画家。可是这个人的父母看见他对绘画的兴趣及天分却吓了一跳，因为他们认为以绘画为生是一件很不稳定的工作。于是他们千方百计地去劝阻孩子发展绘画的潜能。

他们告诉孩子："你完全没有绘画天分。"他们对孩子所画的图画不但不欣赏，还诸多批评。渐渐地孩子开始相信自己对绘画真的没有天分，他对这个曾一度喜爱的嗜好失去了兴趣，放下了画笔。再过一段时期，他发觉自己根本不懂得作画。不久，他甚至一提到绘画便露出憎恶的神色。

孩子的父母终于达到了他们的目的。孩子长大以后，做了一名中学数学教师，这份工作他也算称职，但他总是提不起劲投入工作。不到30岁，他已经意志消沉，想放弃工作。不过基于对父母及自己家庭的责任感，他咬着牙一直干下去。

在一个偶然的机会中，他被邀请替一本教科书画几张插图，他一拿起画笔便再也不能放下。这次，他的妻子企图劝阻他，可是他对她说："我的父母已经尝试过强迫我放弃心爱的嗜好，我错误地听从了他们，因此浪费了我的潜能。我绝不能重复这个错误了。"

不久，他辞去了教书的工作，专职替人绘制各式各样的插图。有空的时候，他试着创作，希望不久后举行个人画展，并且有了一番成就，他说："现在我才觉得在真正地生活。"

故事微语

你不妨也尝试问问自己：我有什么特别的地方？我有什么素质是其他人没有的？我做什么事情时觉得最快乐？我什么事情做得特别好？这样就可以找到你的兴趣所在，只有在这些有兴趣的领域你才可能发挥出自己的潜能。

有的时候，兴趣和才华很可能是你自己以前从未意识到的，但是如果你能在某个机会中发现自己的兴趣和才华所在，你不要对此掉以轻心，因为它们会带领你发掘自己真正的潜能。

我们都应该在日常生活中学着“逼迫”自己，对自己要求得更高一些，也许你会发现，很多能力都是要靠自己挖掘才能发挥出来。

心灵箴言

民无信不立。

——孔子

走正直诚实的生活道路，定会有一个问心无愧的归宿。

——[苏联] 高尔基

工作上的信用是最好的财富。没有信用积累的青年，非成为失败者不可。

——[日] 池田大作

处处留心，握住转瞬即逝的机会

故事话题

生活在传统商人家族，受着家庭氛围与商业熏陶，摩根年轻时便敢想敢做，颇富商业冒险和投机精神。后来，摩根从德国哥廷根大学毕业，进入邓肯商行工作。

一次，他去古巴哈瓦那为商行采购鱼虾等海鲜归来，途经新奥尔良码头时，他下船在码头一带兜风，突然有一位陌生白人从后面拍了拍他的肩膀：“先生，想买咖啡吗？我可以卖半价。”

“半价？什么咖啡？”摩根疑惑地盯着陌生人。

陌生人马上自我介绍说：“我是一艘巴西货船船长，为一位美国商人运来一船咖啡，可是货到了后那位美国商人已破产了。这船咖啡只好在此抛锚。先生，您如果买下，等于帮我一个大忙，我情愿半价出售。但有一条，必须现金交易。先生，我是看您像个生意人才找您谈的。”

摩根跟着巴西船长一道看了看咖啡，成色不错。想到价钱如此便宜，摩根便决定以邓肯商行的名义买下这船咖啡。然后，他兴致勃勃地给邓肯发出电报，可邓肯的回电是：“不准擅用公司名义！立即撤销交易！”

摩根勃然大怒。不过他又觉得自己太冒险了，邓肯商行毕竟不是他摩根家的。自此摩根便产生了一种强烈的愿望，那就是开自己的公司，做自己想做的生意。

摩根无奈之下，只好求助在伦敦的父亲吉诺斯。父亲回电同意他用自己伦敦公司的户头偿还挪用邓肯商行的欠款。摩根大为振奋，索性放手大干一番，在巴西船长的引荐下，他又买下了其他船上的咖啡。

摩根初出茅庐，做下如此一桩大买卖，不能说不是冒险。但上帝偏偏对他情有独钟，就在他买下这批咖啡不久，巴西便出现了严寒天气，使咖啡大为减产，价格暴涨，摩根便顺风顺水地大赚了一笔。

故事解析

机会稍纵即逝，犹如白驹过隙。当机会来临，能够牢牢地握住它，要比谨慎的犹豫好得多，犹豫的结果只能错过机遇，果断出击是改变命运的最好办法。

敢冒风险的人才有更多的机会赢得成功。古往今来，没有任何一个成大事者会不经过风险的考验。如果你也要改变自己的生存现状，就要从错误中寻找正确的道路，不要再犹豫不决。

渴望成功的人，都渴望着难得的机会，但机会之于人，却往往只是短暂的一瞬，稍纵即逝。能否抓住机会，关键就在于那一瞬间的抉择。

面对难得的机遇，很多人会手足无措，不知道如何是好。他们总是会在犹豫和思考的时候让机遇白白溜掉。每个人的成功都取决于某个关键时刻。这个时刻一旦犹豫不决或畏缩不前，机遇就会失去而且再也不会出现。正如阿瑟·戈森曾一针见血地指出的：“有多少生活中的不幸和坏运气，只不过是没有看准时机。”

故事穿越

有一次，日本索尼公司名誉董事长井琛大到理发店理发，他一边理发一边看电视，由于他躺在理发椅上，所以他看到的电视图像只能是反的。就在这时，井琛大灵机一动。心想："如果能制造出反画面的电视机。那么躺着也能从镜子里看到正常画面的电视节目。"他回到索尼公司，立即组织力量研制和生产了反画面的电视机，投放到市场上销售。果然这种电视机受到了医院、理发店等许多特殊用户的欢迎，取得了成功。

只要你处处留心，注意观察身边的东西，即使再平常的事情也可能有机会。

意大利人都非常喜欢足球，他们对足球的狂热在一定程度上影响了餐饮业。每到国内足球联赛，特别是像世界杯这样的足球大赛举行时，成千上万的球迷都闭门不出，端坐在电视机前观看足球赛。所以，每到这个时候，餐饮业主都为生意萧条而一筹莫展。

然而，有一个餐馆的生意却异常火爆。他的招数很简单，就是在自己的餐馆的每个角落，包括走廊、卫生间都安装上了电视机，以保证每位前来的客人在任何一个角落都能够看到球赛。说穿了，这位老板的成功，完全得益于他是一位生活当中的细心人。由于细心，他发现了意大利人在有球赛时不愿意到餐馆来，于是，他在餐馆各处都装了电视机。这招果然有效，使他取得了非常可观的收入。

故事微语

只要你是生活中的有心人，留意身边的细节，幸运之神就一定会和你拥抱，让你成功。看准时机，当机立断，可以避免做事情的乏味和无趣。做事情有时候就像春天播种一样，如果没有在适当的季节行动，以后就没有合适的时机了。

爱尔兰女作家玛丽·埃及奇沃斯曾经说过：“没有任何时刻像现在这样重要，不仅如此，没有现在这一刻，任何时间都不会存在。如果一个人没有趁着热情高昂的时候果断行动。以后他很可能就再也不能实现这些愿望了。所有的希望都会淹没在日常生活的琐碎忙碌中，或者会在懒散消沉中流逝。”

渴望成功的人，都渴望着难得的机会，但机会对于人，往往只是短暂的一瞬，稍纵即逝。你能否抓住机会，关键就在于那一瞬间的抉择。

心灵箴言

乘着顺风，就该扯篷。

——[西班牙] 塞万提斯

不等待机会所送礼物的人，就是征服了命运。

——[美] 阿诺德

好花盛开，就该尽先摘，慎莫待美景难再，否则一瞬间，它就要凋零萎谢，落在尘埃。

——[英] 莎士比亚

恰到好处地向别人展示自我

故事话题

著名节目主持人杨澜在应聘中央电视台《正大综艺》节目主持人之前，只是北京外国语大学的一名普通大学生。杨澜曾在自传里写道："如果没有一个意外的机会，今天的我恐怕已做了大饭店的经理，带着职业微笑，坐在一张办公桌后面了。"而这个意外机会的掌握，正是靠着她自己的出色表现。

这个机会便是泰国正大集团结束了与几个地方台的合作，转与中央电视台共同制作《正大综艺》。双方决定要挑选一位有大学学历的女大学生做主持人，杨澜被推荐参加试镜。

当时杨澜并没被人看中，只是因为她的气质较好，才能一路过关斩将杀入总决赛。一位导演透露，虽然杨澜被视为最佳人选，但是有人认为她还不够漂亮，所以用不用她尚不能确定。

最后确定人选的时候，电视台主管节目的领导也到场了，他们要在杨澜与另外一位连杨澜也承认“的确非常漂亮”的女孩子中选一人。谁将是最后的胜者？杨澜的好胜心被激起，她想：“即使你们今天不选我，我也要向你们证明我的素质。”

这次考试两人的题目是：一、你将如何做这个节目的主持人；二、介绍一下你自己。

杨澜是这么开始的：“我认为主持人的首要标准不是容貌，而是要看她是否有强烈的与观众沟通的愿望。我希望做这个节目的主持人，因为我喜欢旅游，人与大自然相亲相近的快感是无与伦比的，我要把自己的这些感受讲给观众听……”在介绍自己时，杨澜是这样说的：“父母给我取‘澜’为名，就是希望我有大海一样的胸襟，自强、自立，我相信自己能做到这一点……”

杨澜一口气讲了半个小时，没有一点文字参考，她语言流畅，思维严密，富有思想性，很快赢得了各位领导的赏识，人们不再关注她是否长得漂亮，而是被她的才华深深吸引。杨澜后来回忆说：“说完后，我感到屋子里非常安静，今天看来，用气功的说法，是我的气场把他们罩住了。”

当杨澜再次回到房间时，中央电视台已经决定正式录用她了，这次面试改变了她的一生。所以说，善于表现自己就是一门把握成功必不可少的功课。

故事解析

机会来临的时候，是最需要展现自我的时候。我们应该积极地表现自己，争取机会。机会来临的时候，是最需要表现自我的时候。

成功者的周围总是飘逸着一种独特的气氛。这种气氛有着一股强大的吸引力。这种力量，能使人感到镇静，有依托，这是一种磁石般的魅力。

生活中的成功者，都是恰到好处地进行自我表现的典范。成功者总是亲切的，他们的亲切没有勉强，也没有做作，而是自然的流露，因此也更受人的喜爱。

故事穿越

詹姆斯在部队当兵的第一年，为了向领导和其他战友展示自己的文学特长，他利用写黑板报的机会，成了连队的“编外文书”，被大家誉为“小秀才”。

很快，詹姆斯的这一特长被领导知道了，然后希望他给报社投一稿件，主要是展示战士在部队的生活。詹姆斯愉快地接受了这一额外任务。他利用自己的休息时间，写了一篇长长的稿件，详细介绍了战友们的日常生活，并利用数码相机拍摄了很多难得的画面。很快，詹姆斯的稿子见报了，为部队赢得了很多荣誉。

从此之后，詹姆斯越发受到大家的关注和喜爱了，他自己也借此很快成为部队宣传部部长。

故事微语

鹰击长空，是展现自己；虎啸深山，是展现自己。展现自己，才能让更多的人知道自己的价值！

同学们，把你对生活的热爱和对人生的追求，展现出来吧！努力把自己的优点、特长、智慧和能力向大家展现得淋漓尽致。同学们，用你的激情和自信展现自己吧！把握展现自己的机会，才能更快更好地实现自己的梦想。

同学们，展现自己吧！生活因奋斗而精彩，人生因拼搏而亮丽。秀出自己的精彩，展现自己的亮丽，为自己创造机会，让生活变得更加阳光！

心灵箴言

一个聪明人所创造的机会比他所发现的机会更多。

——[英] 培根

一个人不论干什么事，失掉恰当的时节、有利的时机就会前功尽弃。

——[希腊] 柏拉图

一般人总是等待着机会从天而降，而不想努力工作来创造这种机会。当一个人梦想着如何去挣五万镑钱时，一百个人却干脆梦着五万镑就掉在他们眼前。

——[英] 米尔恩

抛掉“拐杖”，独立是一个美丽的标签

故事话题

某地有一位很有名气的老木匠，人人都说他手艺好。老木匠收了一个徒弟，跟着他十几年了，也学得了师傅手艺的八九分。师傅有意让徒弟另立门户，闯一番天地，但徒弟就是不愿意，总希望留在师傅身边。师傅叹道：“留在这儿，你永远不能有自己的成就……”

后来，老木匠去世了，徒弟终于开始自己干。一开始，生意并不好，这时徒弟才理解了师傅生前说过的话，总留在师傅身边，久而久之形成了依赖的思想，师傅就是自己的一条拐杖，现在拐杖没了，一时半会儿还真是承受不了。好在徒弟很快意识到这个问题，并进行了深刻反思，因为他毕竟学到了老木匠的手艺，又有一些熟客，经过一番努力，终于有了自己的市场。

故事解析

师傅领进门，修行在个人。学艺要靠自己，这是很重要的道理。依赖思想就像母亲子宫里的羊水一样舒坦，但久浸其中只会“胎死”！我们可以借助别人之力，但更应独立生活，不过分依赖他人。

很多人会因其性格特点，往往会有依赖他人的思想。但想要成功者应该明白一个道理，就是不能把靠山当拐杖来使，长期依赖别人往往容易令自己失去独立办事的能力，须知成功的道路和人生的道路一样，虽然可以借助外部力量，但真正走起来时，还得靠自己才行。

故事穿越

尼日尔有一株生长在撒哈拉的沙漠之中的金合欢树。它活了1800年，根部扎到沙海深处30米以下，虽然它的主干弯曲、粗糙，但枝干旺盛，年年都会生枝发芽。它是唯一一棵能在这里生存下去的古树。

因为撒哈拉沙漠里常年干旱，昼夜温差很大，而且天气变化异常，恶劣的环境已经使这株金合欢树浑身伤痕累累。尼日尔人民将它视为“神树”，当地的阿雷克族人甚至将它作为生命的图腾。

于是，从这棵金合欢树旁经过的车辆和驼队，都会自发地保护它。他们根据其他金合欢树的生长特点，对这棵树进行着护理。他们甚至将自己珍贵的饮用水拿出来，给树灌溉，还给古树立起了屏障，以便遮挡随时可能袭来的风沙和冰雹。

可是，仅一年之后，这棵树便枯萎了。得知它的死讯，尼日尔人显得十分悲痛。此时，科学家们也找出了古树死亡的原因：它不是死于风沙、干旱、高温、严寒、冰雹的摧残，而是死于大家的精心护理。

故事微语

古树的死告诉我们：有了“拐杖”，在很多时候，反而更不利于自己的生存。温室中的花朵没有野外的花朵开得鲜艳，开得洒脱。很多人将父母、朋友看成他们生活中的“拐杖”，离开以后就无法行走。这样的人，自然也不可能取得大的成就。

独立生活，独立思考，是一个人能够获得成功的大前提。成大事者，往往都是能够独立生活的人，他们的眼光是独立的，思想是独立的。如果你也想获得更好的生活，就要学会独立生活的能力，敢于抛掉各种“拐杖”，培养自己生存和发展的能力，久而久之你会发现，原来自己也能变成生活的强者。

心灵箴言

路漫漫其修远兮，吾将上下而求索。

——屈原

做真正的自己，单独屹立，不要想做别人。

——林语堂

任何人都应该有自尊心、自信心、独立性，不然就是奴才。但自尊不是轻人，自信不是自满，独立不是孤立。

——徐特立

第五篇

立身之本：处事成败的关键

一个人是否可以成大事的关键在于他能否做到真诚，真诚待人可以产生强大的力量，一个人如果在一言一行之中都透出真诚，那么他就可以轻松地化解与人之间的冲突，赢得大家的尊重，甚至还会因此而获得难得的机遇。

化解冲突：真诚于一言一行之中

故事话题

陈平是西汉时期的名相，少时家贫，与哥哥相依为命。为了秉承父命，光耀门庭，所以闭门读书，也就不参与农活，这让自己的大嫂感觉很不舒服。为了消弭兄嫂之间的矛盾，在大嫂的一再羞辱之下，陈平仍然隐忍不发。

但是大嫂却变本加厉，陈平终于忍无可忍，离家出走，想要浪迹天涯，却被哥哥追了回来，之后陈平不计前嫌，又真诚地劝阻自己的哥哥休掉大嫂，这在当地传为美谈。

终于有了一个老人家，慕名前来，免费将陈平收为徒弟，教授他知识，在学成之后，陈平辅佐刘邦，终于成就了一番霸业。

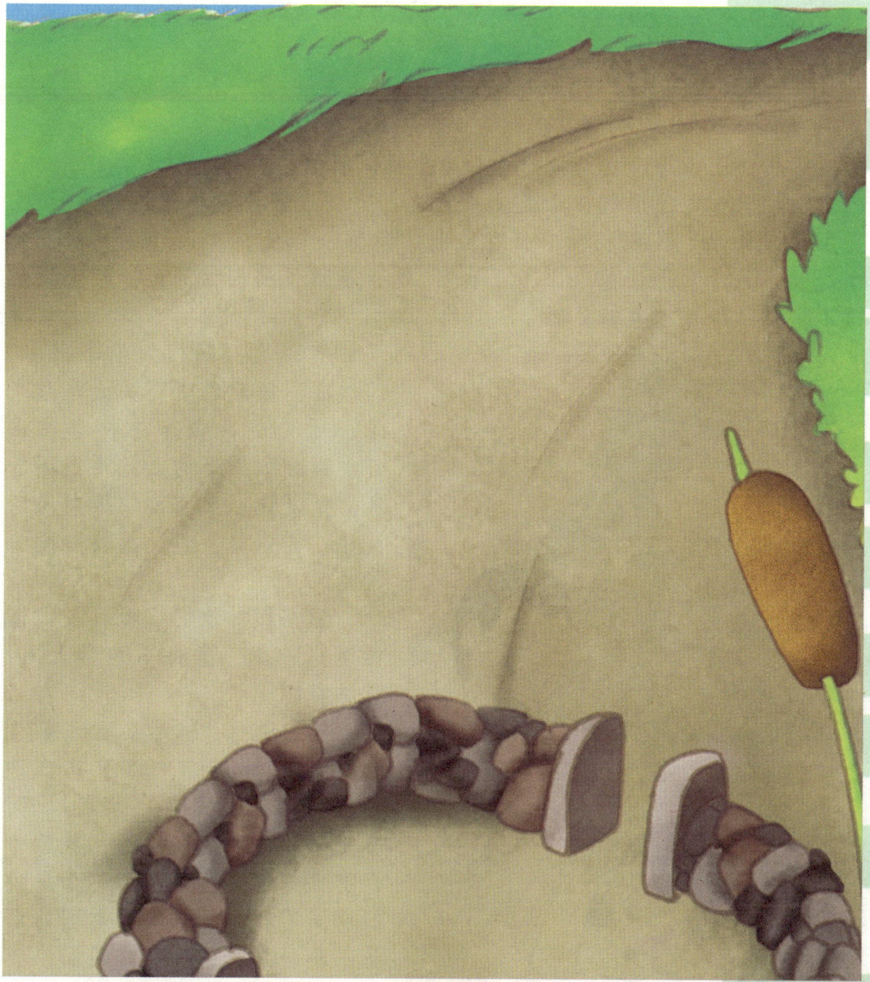

故事解析

陈平用自己真诚的一言一行，化解着自己与大嫂的矛盾，以及哥哥与大嫂的矛盾，而赢得了美誉。

人生旅途中人与人之间的交往，不可避免地会发生一些冲突，而真诚就是化解冲突的方法；真诚是一双清澈如泉的眸子，可以灌溉干旱的荒漠。真诚不是物质，却可显示出比物质更为珍贵的价值；真诚不是智慧，却可能放射出比智慧更具有魅力的光泽。只要你能够做到将真诚融于自己的一言一行之中，那么就没有化解不了的矛盾。

故事穿越

蔺相如因为屡次立功被赵王封为上卿，职位比武将廉颇高。

廉颇为此很不服气，于是对别人说："我廉颇攻无不克，战无不胜，立下许多大功。他蔺相如有什么能耐，就靠一张嘴，反而爬到我头上去了。我碰见他，得让他个下不了台！"这话传到了蔺相如那里，他便请病假不上朝，避免与廉颇见面。

有一次，蔺相如坐车出去，远远看见廉颇骑着高头大马过来了，于是赶紧命车夫将车往回赶。蔺相如手下的人觉得很不服气。于是说：蔺相如怕廉颇像老鼠见了猫似的，为什么要如此怕他呢？

蔺相如对他们解释说："诸位请想一想，廉将军和秦王比，谁厉害？"

他们说："当然秦王厉害！"

蔺相如说："秦王我都不怕，会怕廉将军吗？大家知道，秦王不敢进攻我们赵国，就因为武有廉颇，文有蔺相如。如果我们俩闹不和，就会削弱赵国的力量，秦国必然乘机来打我们。我所以避着廉将军，为的是我们赵国啊！"

蔺相如的这番话传到了廉颇的耳朵里。廉颇冷静下来一想，觉得自己真不应该如此。于是，他脱下战袍，背上荆条，到蔺相如门上请罪。蔺相如见到廉颇前来请罪，连忙热情地出门迎接。从此以后，他们同心协力，一起来保卫赵国。

故事微语

真诚是一种力量，可以化解冲突。试想一下，如果蔺相如当初对廉颇以牙还牙，那么就不可能有赵国的太平，也不会有他与廉颇之后的友情。

真诚可以化解冲突，同学们，如果你现在或者以后与人发生冲突的时候，不妨像蔺相如一样，将真诚融于自己的一言一行之中，用自己的真诚来感化对方，赢得对方的信任，这也可以成为自己安身立命的关键。

心灵箴言

人而无信，不知其可也。

——孔子

真者，精诚之至也。不精不诚，不能动人。

——庄子

至诚而不动者，未之有也；不诚，未有能动者也。

——孟子

赢得人心：真诚的人更容易获得成功

故事话题

清代乾隆年间，南昌城有一家点心店，老板名叫李沙庚，建店之初，李沙庚以货真价实赢得顾客满门。但他在赚钱之后便开始掺杂使假，对顾客也没有之前那么热情了，因此生意日渐冷落。

一天，书画名家郑板桥来这家店进餐，李沙庚感到十分惊喜，便恭请郑板桥题写店名。郑板桥于是题写“李沙庚点心店”六字，墨宝苍劲有力，引来很多人观看，但还是没有人进店用餐。

原来郑板桥所题写的“心”字少写了一点，李沙庚请求他补写这一点。但郑板桥却说：“没有错啊，你以前生意兴隆，是因为‘心’有了这一点，而今生意清淡，正因为‘心’少了这一点。”

李沙庚顿时有所感悟。从此以后，痛改前非，再一次赢得了人心，成为南昌城有名的旺铺。

李沙庚点心店

故事解析

李沙庚因为真诚而再次赢得人心，也因此获得了事业上的成功。人心是一笔无形资产，也是一笔不可忽视的巨大财富。对于任何人而言，赢得人心才是成事或者败事的关键。

真诚是做人原则中重要的一项，“狼来了”的故事相信大家都知道，一个不诚实的人会失去别人的信任。真诚能够使我们广结善缘，使人生立于不败之地，能够缔造幸福美满的人生；真诚能使人笑口常开，祥和社会，温暖人间……

故事穿越

秦末有个名叫季布的人，他一向说话算数，信誉因此也非常高。很多人都同季布建立起了深厚的友情。甚至于在当地流传着这样的民谣：“得黄金百斤，不如得季布一诺。”

后来，季布因事得罪了汉高祖刘邦，被重金悬赏捉拿。结果季布旧日的朋友不仅没有被重金所惑，反而冒着灭九族的危险来保护他，使他终于没有因此而被捉拿。

林肯也是一个用真诚赢得人心的人。

1809 年，亚伯拉罕·林肯出生在一个农民的家庭。小时候，因为家里很穷，他每天跟随父亲在西部荒原上开垦、劳动。他曾说过：“我一生中进学校的时候，加在一起总共不到一年。”但林肯勤奋好学，一有机会便向他人请教。晚上，他会在小油灯下读书到深夜。

长大后，林肯离开家乡独自一人外出谋生。做过很多既苦又累的工作。但是不管干什么，他都非常认真，诚实而且守信用。

林肯在十几岁时当过一家杂货店的店员。有一次，一个顾客多付了几分钱，他为了退还这几分钱跑了十几里路。还有一次，林肯发现少给了顾客二两茶叶，也是又跑了几里地把茶叶送到那人家中。他的真诚让他受到周围人的喜爱。

1834 年，林肯当选为伊利诺伊州议员，开始了他的政治生涯。1836 年，林肯通过考试当上了律师。当律师以后，因为他精通法律，口才很好，在当地很有声望。很多人都慕名前来让林肯帮自己打官司。但是林肯并不会答应所有的人，他有自己的原则，那就是当事人必须是正义的一方。许多穷人没钱付给林肯劳务费，但是只要告诉他：“我是正义的，请你帮我讨回公道。”林肯就会免费为他辩护。林肯也因此越来越受到大家的爱戴。

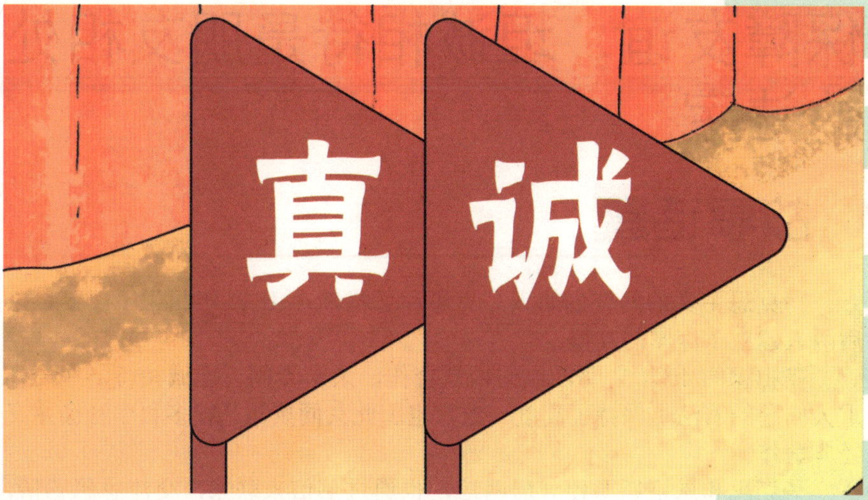

故事微语

一个人平日里为人真诚，自然得道多助，能赢得大家的认可和爱戴。反过来，如果贪图一时的小便宜，而待人不诚，表面上是得到了“实惠”，但却会因此而毁掉自己的声誉。而声誉相比于物质来说，显然是更加重要的。所以，待人不诚无异于将自己陷入到了不好的境地。

真诚是人们必须遵循的准则，要想有良好的人际关系，事业上有所建树，品格上的真诚是必不可少的。而且，生活中很多时候，我们看似在帮别人，其实最终常常是帮了我们自己。

心灵箴言

养心莫善于诚。

——荀子

巧诈不如拙诚。

——韩非子

诚者，天之道也；思诚者，人之道也。

——《孟子》

欲正其心者，先诚其意，意诚而后心正。

——《大学》

保障友谊：坦诚相待是朋友相处的法宝

故事话题

马克思主义的两位创始人马克思和恩格斯在1844年相识于巴黎，之后两人建立了深厚的友谊。

在相识的40年之间，他们精诚合作，亲密无间，坦诚相待，在一切重大问题的看法上保持了高度一致，也因此共同撰写了很多科学社会主义经典著作。

马克思和恩格斯即使分居两地，也通过书信来联系，交流思想感情，互相支持对方。两人都为结识对方而感到自豪，他们的友谊超越了一切，成为一段佳话。

故事解析

友谊是雨露，滋润着彼此的心田；友谊是春风，吹拂着彼此的梦幻；友谊是歌声，驱散了彼此的悲伤。真诚的友谊没有任何界限，真诚相待才是获得友谊的法宝。

友情应是雨中的伞，雪中的炭。拥有真诚的朋友，比拥有黄金更快乐。因为黄金是有价的，而真情却是无价的。

朋友能给人力量，在真诚的朋友面前，我们可以自由地呼吸。人生需要友情，友情一定要用真诚浇灌。你付出的是真诚，回报给你的才可能是真情。

故事穿越

鲁迅与瞿秋白相识于1932年，两人一见如故，十分相契。从此后他们为革命文化运动而并肩战斗，两人坦诚相待，结下了深厚的友谊。

在白色恐怖之时，瞿秋白在鲁迅家避难，后来鲁迅又为瞿秋白安置住处。鲁迅让瞿秋白用白之的笔名发表杂文。

鲁迅曾亲笔题写了一副对联“人生得一知己足矣；斯世当以同怀视之”赠给瞿秋白。在瞿秋白就义后，鲁迅仍坚持抱病为瞿秋白编印《海上述林》，以此表达深切的悼念。

故事微语

真诚是人与人之间最短的距离，人与人之间如果有了真诚，便有了友谊的桥梁，进步的阶梯，成长的沃土，融洽的氛围，便产生了和谐的音符。真诚是连接朋友的纽带，真诚是爱心，是友谊，又是沉重的步履。

如果你也想有一份纯真的友谊，不妨对他人坦诚相待，卸下所有的面具，用真诚来迎接这份美好的友谊，而也只有真诚才能保持友谊。

心灵箴言

祸莫大于无信。

——傅玄

不宝金玉，而忠信以为宝。

——《礼记》

诚实和勤勉，应该成为你永久的伴侣。

——[美] 富兰克林

诚实比一切智谋更好，而且它是智谋的基本条件。

——[德] 康德

绽放魅力：至纯至真的心灵更具有吸引力

6 故事话题

早年，尼泊尔的喜马拉雅山南麓很少有外国人涉足。后来，许多日本人到这里观光旅游，据说这是源于一位少年的诚信。

一天，几位日本摄影师请当地一位少年代买啤酒，这位少年为之跑了3个多小时。

第二天，那个少年又自告奋勇地再替他们买啤酒。这次摄影师们给了他很多钱，但直到第三天下午那个少年还没回来。于是，摄影师们议论纷纷，都认为那个少年把钱骗走了。第三天夜里，那个少年却敲开了摄影师的门。原来，他在一个地方只购得4瓶啤酒，于是，他又翻了一座山，趟过一条河才购得另外6瓶，但返回时摔坏了3瓶。他哭着拿着碎玻璃片，向摄影师交回零钱，在场的人无不动容。这个故事使许多外国人深受感动。后来，到这儿的游客就越来越多。

故事解析

少年用自己至真至纯的心灵绽放着自己的魅力，也赢得了大家的喜爱。真诚就是有这种魔力，可以将自己更完美地展现出来。

真诚是美酒，年份越久，酒香越浓烈；真诚是焰火，绽放处越高，越显得美丽；真诚是玫瑰，送至于人，手留余香。至真至纯的心灵就是真诚的一种，它能让自己绽放出更多的魅力。一个人如果可以做到至真至纯，那么他得到的将更多。

故事穿越

2010年年关，发生在武汉市孙家兄弟身上的故事让人感到极度悲伤又令人肃然起敬：当包工头的哥哥孙水林为赶在年前把工钱下发到农民工手上，返乡途中哥哥一家五口遭遇车祸。

发生车祸的第二天，孙东林打电话回家，发现哥哥仍未到家。预感不妙的孙东林开车沿途查找，在兰考人民医院太平间发现了哥哥及家人的遗体。

孙东林告诉记者说：“哥哥、嫂子、侄女、侄子躺在太平间里，撬开撞得扭成一团的事故车后备箱，26万元工钱还在。当时处理后事尚需时日，我想我们家这个年是过不成了，但不能让跟哥干了十几年的工友们也过不好年，让人家骂我们兄弟不地道。我决定先替哥哥完成遗愿，把钱在年前发下去。”

腊月二十九，两天没有睡觉、没有吃饭的孙东林赶回家中，立即让民工互相通知上门领钱。他对大家说："账目及账单现在都找不到了，这是本'良心账'，大家也凭着良心领钱，大家说多少钱，我们就给多少。""当时在孙家，一边是老人痛心哭泣，一边是让大家报账领钱。好多工友都说先办丧事，年后再说，可孙东林不同意，坚持让大家收下钱。"

当天晚上 8 点半工钱全部发放完毕，孙冬林轻吐了一口气说："真是如释重负。哥哥可以安心了，大家也都可以好好过个年了！不欠薪的承诺我们兄弟坚持了 20 年，还会做下去。"

故事微语

孙家兄弟至纯至真的心灵让他们感天动地，也绽放了属于他们的人格魅力，让他们成为大家所熟知和喜爱的人。

我们的精神世界，主要由道德品质、文化素养和人生经验组成。一个拥有美德的人，无论处于什么样的时代，都能洁身自好；一个洞明世事的人，不论遭逢什么样的人生境遇，都能从容面对。

心灵箴言

如果要别人诚信，首先自己要诚信。

——[英] 莎士比亚

诚实是人生的命脉，是一切价值的根基。

——[美] 德莱塞

失去了诚信，就等同于敌人毁灭了自己。

——[英] 莎士比亚

获得信任：真诚之人更容易得到信赖

6 故事话题

刘兵从事大堂经理岗位7年，曾担任过营业部柜员一职，他坚持以客户为中心，把服务融入每个细节中，赢得了客户的肯定和好评。

每天早晨，刘兵便开始不停地穿梭于到访的客户之间，面对大家不停的咨询，他总是面带微笑有条不紊地一一回答。

一次，刘兵在无意当中发现一位穿着朴素、表情茫然的大姐站在大堂不知所措。刘兵立刻来到了她的身边，轻声问道：“大姐，请问您要办理什么业务？”

大姐小声回答道：“我想在杭州的银行帮朋友开户，行吗？”

刘兵立即提醒她：“大姐，您要代理别人开户要携带本人及代理人的身份证来办，您带朋友的身份证了吗？”

大姐回答说：“没带，我不知道要带。”

“那您恐怕不能代朋友开户了。”刘兵马上帮助大姐想办法：“您可以先用自己的身份证开户，然后让朋友先将款项划给您。以后方便的时候再带朋友的身份证来为他开户。”刘兵很热情地向大姐进行了介绍。

在大姐离开时，他们互相留下了联系方式。在刘兵的送别声中，大姐满意地离开了银行。几日后，大姐再次来到网点。在刘兵帮助下，迅速办好了开户手续。并在刘兵的介绍下，决定在该行放 3 个月定期储蓄存款。

就在当天下午，大姐将资金划入了账户，当刘兵看到整整 3000 万存款时，震惊了。大姐笑着说：“是你的热情和真诚打动了我。钱放在你这里我很放心！”

故事解析

真诚的人总是给人以踏实可靠的感觉，也就更容易得到大家的信任。如果你想得到更多人的信赖，就必须真诚待人。

真诚坦率的人最容易受到信任，正所谓：“顾客无小事，真诚赢信任。”付出真诚，才能收获信任。一个人最重要的品质就是真诚，真诚是一切美德的根本。要获得别人的信任与重视，就要时刻真诚待人。

故事穿越

济阳有个商人在过河的时候船沉了，他抓住一根大木头大声呼救。刚好有一个渔夫听到呼救赶来。

商人急忙大喊：“我是济阳最大的富翁，你如果能救我，给你100两金子。”

在商人被救上岸后，他却翻脸不认账了，只给了渔夫10两金子。渔夫问他为什么不守信？

商人大笑着说道：“你一个打鱼的，一辈子都见不到1两黄金吧？突然得10两金子还不满足吗？”

渔夫只得怏怏而去。不料后来那商人返回的途中再次在过河的时候翻船了。有人想要去救他，那个曾被他骗过的渔夫说道：“他就是那个说话不守信的人！”于是商人淹死了。

故事微语

商人两次翻船而遇同一渔夫是偶然现象，但商人因失信而受到惩罚却是意料之中的。因为一个人若不守信，便会失去别人对他的信任。所以，当他处于困境之时，便没人愿意出手相救。试想一下，如果商人在最初可以真诚地对待那个渔夫，获得他的信任，而不失信于他，后果定将被改写。

我们要想获得他人的信任，就要学会真诚待人，不失信于人，这样才能得到大家的信赖，这无疑也会成为自己最大的一笔隐形财富。

心灵箴言

小信诚则大信立。

——韩非子

千教万教教人求真，千学万学学做真人。

——陶行知

不需犯一口说，不需着一意念，只凭真真诚诚行将去，久则自有不言之信，默成之孚。

——吕坤

心灵榜样微史话

孙策

孙策，字伯符，吴郡富春人。孙坚长子，孙权长兄。东汉末年割据江东一带的军阀，汉末群雄之一，三国时期吴国的奠基者之一。为继承父亲孙坚的遗业而屈事袁术，后脱离袁术，统一江东。在一次狩猎中为刺客所伤，不久后身亡，年仅 26 岁。其弟孙权接掌孙策势力，并于称帝后，追谥孙策为长沙桓王。

孙权称帝后顾虑到自身后代是否能享有帝业，仅追谥孙策为长沙桓王，并与国家象征的皇帝宗庙有所区别，另外为孙策立庙于建业，为了淡化孙策之子孙绍年长于孙权长子孙登的太子策立问题，对于孙绍及其后继者孙奉的册封也仅止于侯爵，起初孙绍被封为吴侯，后其爵位为太子之子孙英取代，孙绍改封为上虞侯。相较于孙权身后获得过度褒扬的谥号，陈寿批评："割据江东，策之基兆也，而权尊崇未至，子止侯爵，于义俭矣。"

孙权

吴帝孙权，字仲谋。祖籍吴郡富春，于下邳出生。三国时代东吴的建立者。父亲孙坚和兄长孙策，在东汉末年群雄割据中打下了江东基业。孙权 19 岁时，兄长孙策遭刺杀身亡，孙权继而掌事，成为一方诸侯。

建安十三年（208 年），孙权与刘备联合于赤壁打败曹操军队，建立了孙刘联盟。建安二十四年（219 年），孙权派吕蒙偷袭刘备的荆州成功，使吴国的领土面积大大增加。

黄武元年（222 年），孙权被魏文帝曹丕封为吴王，建立吴国；黄龙元年（229 年），孙权称帝。孙权称帝后，设置农官，实行屯田，平定山越，设置郡县，促进了江南经济的发展。在此基础上，他又多次派人出海。次年，他派卫温到达夷州。

孙权晚年在继承人问题上反复无常，引致群下党争。太元元年（256 年）病逝，享年 71 岁，谥号大皇帝，庙号太祖，葬于蒋陵。是三国时代统治者中最长寿的。

韩琦

韩琦（1008—1075），字稚圭，自号赣叟，相州安阳（今河南安阳）人。北宋政治家，天圣进士。他与范仲淹率军防御西夏，在军中享有很高的威望，人称“韩范”。当时，边疆传颂一首歌谣：军中有一韩，西贼闻之心骨寒；军中有一范，西贼闻之惊破胆。韩琦一生，历经北宋仁宗、英宗和神宗三朝，亲身经历和参加了许多重大历史事件，如抵御西夏、庆历新政等。在仕途上，韩琦曾有为相十载、辅佐三朝的辉煌时期，也有被贬在外前后长达十几年的地方任职生涯。但无论在朝中贵为宰相，还是任职在外，韩琦始终替朝廷着想，忠心报国。在他的仕途生涯中，无论在朝中为相，或在地方任职，都为北宋的繁荣发展做出了贡献。在朝中，他运筹帷幄，使“朝廷清明，天下乐业”；在地方，他忠于职守，勤政爱民。是封建社会难得的官僚楷模。《宋史》有传。著有《安阳集》50 卷。《全宋词》录其词 4 首。

纪晓岚

纪昀，字晓岚，一字春帆，晚号石云，道号观弈道人，清代文学家。直隶河间府人。生于清雍正二年（1724 年）六月，卒于嘉庆十年（1805 年）二月，历雍正、乾隆、嘉庆三朝，享年 82 岁。

4 岁开始启蒙读书，11 随父入京，21 岁中秀才，31 岁考中进士，官至礼部尚书、协办大学士，曾任《四库全书》总纂修官，撰写了《四库全书总目提要》。因其“敏而好学可为文，授之以政无不达”，故卒后谥号文达，乡里世称文达公。代表著作《阅微草堂笔记》。

纪晓岚以才名世，号称“河间才子”。一生精力，悉付《四库全书》。《纪文达公遗集》是纪晓岚的一部诗文总集，包括诗、文各 16 卷，为人作的墓志铭、碑文、祭文、序跋、书后等。

刘墉

刘墉，号石庵，另有青原、香岩、东武、穆庵、溟华、日观峰道人等字号，清代书画家、政治家。山东省诸城逄戈庄人，祖籍江苏徐州丰县。乾隆十六年（1751 年）中二甲第二名进士，大学士刘统勋之子。官至内阁大学士，为官清廉，有其父之风。刘墉是乾隆十六年的进士，做过吏部尚书，体仁阁大学士，工书，尤长小楷，传世书法作品以行书为多。嘉庆九年（1804 年）十二月二十五日卒于京。谥文清，享年 85 岁。

刘墉不仅是政治家，更是著名的书法家，是帖学之集大成者，是清代四大书家之一。刘墉是一位善学前贤而又有创造性的书法家，师古而不拘泥。刘墉书法的特点是用墨厚重，体丰骨劲，浑厚敦实，别具面目。刘墉之书，尤善小楷。刘墉兼工文翰，博通百家经史，精研古文考辨，工书善文，名盛一时。著有《石庵诗集》刊行于世。

杨澜

杨澜，生于北京。中国电视节目主持人、媒体人、企业家。毕业于北京外国语大学，1990 年至 1994 年担任中央电视台《正大综艺》节目主持人，之后赴美深造，毕业于美国哥伦比亚大学国际及公共事务学院，获国际事务硕士学位。第十届、十一届、十二届全国政协委员。

1999 年 10 月离开凤凰卫视中文台，担任阳光文化影视公司董事局主席；2000 年，创建第一个以历史文化为主题的卫星频道——阳光卫视。2001 年，杨澜应邀出任北京申办 2008 年奥运会的形象大使；同年 7 月，在莫斯科国际奥委会会议上代表北京作申奥的文化主题陈述。2002 年 荣获“中国企业女性风云人物”称号。

拉里·金

拉里·金，美国家喻户晓的主持人，有“世界最负盛名的王牌主持人”之称，他是第一个在世界范围内享有盛誉的脱口秀节目主持人，他主持的“拉里·金现场”是美国有线新闻网收视率最高的节目。

2010 年 6 月，拉里·金宣布于当年秋天退出美国有线新闻网；2012 年 2 月，拉里·金正式结束美国有线新闻网任职。他曾获得艾美奖，写过多本书籍，被《电视指南》杂志冠以“电视史上最优秀的脱口秀节目主持人”的美名，而《时代》杂志则称之为“麦克风霸主”。

高尔基

玛克西姆·高尔基，他是前苏联著名的作家、诗人，评论家，政论家，学者，11 岁时当过学徒。

1868 年 3 月 16 日，高尔基生于俄国下诺夫哥罗德的一个木工家庭。是社会主义现实主义文学奠基人，无产阶级艺术最伟大的代表者、无产阶级革命文学导师、前苏联文学的创始人之一，1892 年用笔名“玛克西姆·高尔基”发表处女作短篇小说《马卡尔·楚德拉》，从此专心从事写作。1936 年 6 月 18 日在莫斯科逝世。

高尔基不仅是伟大的文学家，而且也是杰出的社会活动家。积极参加保卫世界和平的事业。他的优秀文学作品和论著成为全世界无产阶级的共同财富。

乔布斯

史蒂夫·保罗·乔布斯，美国发明家、企业家、美国苹果公司联合创办人。

乔布斯被认为是计算机业界与娱乐业界的标志性人物，他经历了苹果公司几十年的起落与兴衰，先后领导和推出了麦金塔计算机、iMac、iPod、iPhone、iPad 等风靡全球的电子产品，深刻地改变了现代通讯、娱乐、生活方式。乔布斯同时也是前 Pixar 动画公司的董事长及行政总裁。

2011 年 10 月 5 日，因胰腺癌病逝，享年 56 岁。美国总统奥巴马如此评价他：“乔布斯是美国最伟大的创新领袖，他的卓越天赋也让他成为了一个能够改变世界的人。”

爱迪生

托马斯·阿尔瓦·爱迪生，世界著名的发明家、物理学家、企业家，拥有众多重要的发明专利超过 2000 项，被传媒授予“门洛帕克的奇才”称号。爱迪生拥有超过 2000 项发明，包括对世界极大影响的留声机、电影摄影机、钨丝灯泡等。在美国，爱迪生名下拥有 1093 项专利，而他在英国、法国、德国等地的专利数累计超过 1500 项。其中爱迪生的四大发明：留声机、电灯、电力系统和有声电影，丰富和改善了人类的文明生活。

心灵修养用语微解

真实：真实的东西有真实的感受，无论外界情况如何，无论享乐，还是受苦。感受的不再是现象，而是本质，因为本质也是同样的存在，理应能让人们感受得到。

方圆：方，是为人之本，做人不能失去了基本的准则，书中用做人要方的事例，讲述了做人不能丢失应有的方正和根本的道理。然后，用大量的篇幅，从处世、人际、爱情、家庭、职场、商场以及人的心灵等生活的方方面面，强调了方圆结合是人生处世的大智慧。

本色：物品没有经过染色的原来的颜色。《晋书·天文志中》：“凡五星有色，大小不同，各依其行而顺时应节……不失本色而应其四时者，吉。”南朝梁·刘勰《文心雕龙·通变》：“夫青生于蓝，绛生于蒨，虽逾本色，不能复化。”李渔《闲情偶寄·种植·木本》：“绿者叶之本色。”

行动：生物在空间的整体移动行为，例如动物的步行、奔跑、游泳、飞翔等。行动指主动的移动，不包括被气流、水流或其他生物带动所造成的空间移动。除某些固定附着生活的低等动物外，大部分动物都有特化的行动器官，它们的取食、生殖等基本生活活动也都要通过行动才能实现。

真诚：真实诚恳。真心实意，坦诚相待以从心底感动他人而最终获得他人的信任。真诚也是个人文学描述性词语，用以形容人格。以诚学习则无事不克，以诚立业则无业不兴。真诚能够使我们广结善缘，使人生立于不败之地，能够缔造幸福美满的人生。真诚能使人笑口常开，好运连绵，祥和社会温暖人间。

热情：人参与活动或对待别人所表现出来的热烈、积极、主动、友好的情感或态度。热情的反义词是冷漠。如：冷漠的人干活无精打采，热情的人工作起来像个小老虎。冷漠的人待人爱理不理，热情的人主动关心，主动帮忙，如火温暖。热情是与人生观、价值观有关联的，是一个人态度、兴趣的表现。与激情相比，热情更平稳稳定一些。

踏实：内心安定；平静；波澜不惊。出自《歧路灯》第八回：“我前日偶见孔耘轩中副榜朱卷，倒也踏实，终不免填砌，所以不能前列也。”闻一多《端午节的历史教育》：“这样一来他们心里便踏实了，觉得安全真有保障。”老舍《龙须沟》第一幕：“捐就是捐，您拿钱，我收了交上去，咱们心里就踏实啦。”柳青《创业史》第一部第六章：“寡妇老婆虽然相信了农会主席，但心里总不踏实。”

付出：1. 交出：付出现款。付出是一种快乐，我们享受其中。懂得付出的人是最懂爱的人，也是最幸福的人。2. 支付，支出：企业在生产经营过程中为获得另一项资产、为清偿债务所发生的资产的流出。如企业为购买材料、办公用品等支付或预付的款项；为偿还银行借款、应付账款及支付账款或支付股利所发生的资产的流出；为购置固定资产、支付长期工程费用所发生的支出。生活中的消费支出。3. 付出辛勤的劳动，如：妈妈为这个家付出很多。

热情：人参与活动或对待别人所表现出来的热烈，积极，主动，友好的情感或态度。热情的反义词是冷漠。如：冷漠的人干活无精打采，热情的人工作起来像个小老虎。冷漠的人待人爱理不理，热情的人主动关心，主动帮忙，如火温暖。热情是与人生观、价值观有关联的，是一个人态度、兴趣的表现。与激情相比，热情更平稳稳定一些。激情是一种强烈的情感表现形式。往往发生在强烈刺激或突如其来的变化之后。具有迅猛、激烈、难以抑制等特点。人在激情的支配下，常能调动身心的巨大潜力。

待人接物：跟别人往来接触，与人相处。司马迁《报任少卿书》：“教以慎于接物，推贤士为务。”陶宗仪《辍耕录》卷五：“右二事可见前辈诸老谦恭退抑，汲引后进，待人接物者如此。”

心口如一：心里想的和嘴里说的一样。形容诚实直爽。李汝珍《镜花缘》第六十五回：“紫芝妹妹嘴虽厉害，好在心口如一，直截了当，倒是一个极爽快的。”近义词：表里如一、言行一致。反义词：心口不一、花言巧语、口是心非。